アグリビジネスにおける集中と環境
Evolutions in Agribusiness

種子および食肉加工産業における集中と競争力
How the Seed and Meat Packing Industry Developed their Global Competitiveness

三石誠司

ASAHI ECO BOOKS 17

アサヒビール株式会社発行 ■清水弘文堂書房編集発売

アグリビジネスにおける集中と環境

目次

種子および食肉加工産業における集中と競争力

Evolutions in Agribusiness
How the Seed and Meat Packing Industry Developed their Global Competitiveness

はじめに　　　　　　　　　　　　　　　　　　　　　　　　　8

序章　研究の対象と論点および先行研究
　　　──透明化するアグリビジネスの集中と環境　　　　　12

第1章　種子業界における構造変化の歴史的展開　　　28

　第1節　植物種子市場の集中をめぐる歴史的展開　　　　28
　　1．世界の植物種子市場の特徴　　　　　　　　　　　　28
　　2．植物種子市場の構造変化と商業用種子の影響　　　　30
　　3．1960年代：ハイブリッド種子の本格的普及と調査研究主体
　　　の変化　　　　　　　　　　　　　　　　　　　　　32
　　4．1970年代：種子業界の再編　　　　　　　　　　　　34
　　5．1980年代：種子開発における先行投資としてのバイオテク
　　　ノロジー　　　　　　　　　　　　　　　　　　　　35
　　6．植物保護法と知的財産権の種子業界への影響　　　　36
　　7．買収・合併・再編を通じた種子ビジネスの競争力強化　　37

　第2節　主要品目別に見た種子業界の集中状況の推移と特徴　　39
　　1．トウモロコシ種子市場の特徴　　　　　　　　　　　39
　　2．HHIの試算から見た現代のトウモロコシ種子市場の寡占度　　41
　　3．大豆種子市場の特徴　　　　　　　　　　　　　　　43
　　4．既存品種改良技術と遺伝子組換え技術の融合による付加価値
　　　の創出──モンサント社のVISTIVEの事例　　　　　46
　　5．綿花種子市場とターミネーター技術　　　　　　　　51
　　6．小麦種子市場の構造変化と国際マーケットの動向　　54

　第3節　種子ビジネスにおける集中と環境問題　　　　　57
　　1．植物遺伝資源に関する取りあつかいと認識の歴史的変化　　57
　　2．遺伝資源の喪失と社会・経済的影響および問題点　　60

　第4節　小　括　　　　　　　　　　　　　　　　　　　64

第2章　遺伝子組換え作物とバイオ燃料を中心としたアグリビジネスの展開　68

第1節　アメリカ農務省の総括に見る遺伝子組換え作物の10年　69
1. 第一世代を中心とした遺伝子組換え作物の普及　69
2. 知的所有権の保護強化と民間企業の参入　71
3. 遺伝子組換え作物の作付状況の特徴と今後の課題　72
4. 消費者の関心と遺伝子組換え作物による付加価値の創造　75

第2節　アメリカにおける遺伝子組換え作物をめぐる環境訴訟　77
1. 安全性未審査の遺伝子組換え米（リバティ・リンク）をめぐる申立て　80
2. 遺伝子組換え牧草（GMアルファルファ）訴訟の経過と環境への影響　88
3. モンサント社が締結する遺伝子組換え作物に関する「技術契約」の概要　94
4. 小括　100

第3節　トウモロコシ産業の構造変化にともなう環境への影響　102
1. 世界とアメリカのエタノール生産の現状　102
2. アメリカのトウモロコシ需給の基本構造　106
3. トウモロコシ生産地における需要構造の変化と原料調達上の課題　107
4. 飼料原料から工業原料へとシフトする生産者の選択　112
5. エタノール生産の副産物ビジネスと穀物流通システムの変化　115
6. トウモロコシ以外のエタノール生産の新規原料の可能性　116
7. 小括　118

第4節　換金作物およびバイオ原料作物生産への集中による環境への影響　119
1. FAO「国際バイオエネルギー綱領」制定の背景　120
2. アルゼンチンに見る大豆集中生産の社会・経済的影響の事例　121
3. 食料経済とエネルギー経済の競合および環境への影響　125
4. EUに見るバイオ原料活用可能性限界の長期的検討　127
5. 小括　129

第3章　アメリカにおける食肉加工産業（パッカー）の集中と環境　132

第1節　アメリカ農務省レポートに見る集中と環境に関する「懸念すべき事項」　133
　1．GIPSA レポートの主要な内容とその背景　133
　2．アメリカの食肉加工産業における集中と構造変化　139
　3．家畜の価格決定と調達における「懸念すべき事項」　145
　　1）パッカーによる競争制限　145
　　2）少ない取引制限　147
　　3）共通エージェント　149
　　4）値決め方法　150
　　5）薄い現物市場　153
　　6）価格報告義務　154
　　7）キャプティブ・サプライ　155
　　8）市場アクセスと価格差　160
　　9）契約におけるフェアな取りあつかい　163
　4．パッキング・プラントの操業とマーケッティングにおける技術変化　169
　　1）家畜、食肉、家禽肉の評価機器とシステム　169
　　2）記録保存　171
　　3）Eコマース　172
　5．フェア・トレードと財務保護の問題　174
　　1）ストリング・セールス　174
　　2）残留薬物検査と代金決済　176
　　3）報復措置と裁判例　177

第2節　小　括　180

第4章　アメリカの集中畜産経営体（CAFOs）と
　　　　環境問題　　　　　　　　　　　　　　　　　　184

　第1節　アメリカ環境法における畜産経営体　　　　　185

　第2節　家畜飼養施設（AFO）と集中畜産経営体（CAFOs）　188

　第3節　EPAのCAFOs新規則にたいする反応と裁判所の判断　192
　　1．「排出許可」と栄養分管理計画・住民参加・申請義務　194
　　2．点源汚染源と農業用排水の位置づけ　　　　　　199
　　3．排出規制ガイドラインとの整合性　　　　　　　200
　　　1）BAT　　　　　　　　　　　　　　　　　　201
　　　2）BCT　　　　　　　　　　　　　　　　　　204
　　　3）新規排出源（NSPS）　　　　　　　　　　　204
　　　4）水質に関する議論　　　　　　　　　　　　206

　第4節　小　括　　　　　　　　　　　　　　　　　207

終章　　　　　　　　　　　　　　　　　　　　　　　208

主要参考文献　　　　　　　　　　　　　　　　　　　216

S T A F F

□
PRODUCER 礒貝 浩（清水弘文堂書房社主）
DIRECTOR あん・まくどなるど（宮城大学助教授）
CHIEF EDITOR & ART DIRECTOR 礒貝 浩
DTP EDITORIAL STAFF 小塩 茜（清水弘文堂書房葉山編集室）
COVER DESIGNERS 二葉幾久　黄木啓光　森本恵理子
□
アサヒビール株式会社「アサヒ・エコ・ブックス」総括担当者　名倉伸郎（環境担当執行役員）
アサヒビール株式会社「アサヒ・エコ・ブックス」担当責任者　竹田義信（社会環境推進部部長）
アサヒビール株式会社「アサヒ・エコ・ブックス」担当者　竹中 聡（社会環境推進部）

※この本は、オンライン・システム編集と新DTP（コンピューター編集）でつくりました。

ASAHI ECO BOOKS 17

アグリビジネスにおける集中と環境

三石誠司

アサヒビール株式会社発行□清水弘文堂書房発売

はじめに

　大学の経営学の講義で学生にたずねたことがある。
　「Yum! Brand Inc. という会社を知っているだろうか？」
　なかば予想されたことではあったが、残念なことにだれも聞いたこともないという。

　同社はニューヨーク証券取引所の上場企業である。2005年の年間売上高は＄90億ドル（約9,900億円）に達している。ひと昔前には1兆円産業という言葉もあったが、この会社の売上高はそれに相当する。ところが、この会社の名前は意外に知られていない。この会社、2002年5月に現在の名称に社名変更する前は、Tricon Global Restaurants, Inc. という名前であった。これでも日本では一般的にはまだなじみが薄い。

　じつは、日本でも良く知られたケンタッキー・フライド・チキン、ピザ・ハット、タコ・ベル、この3つは現在いずれも Yum! Brand Inc. の1部門となっている。一定のシステム化されたレストラン・チェーンという意味で、同社は世界100か国に34,000店舗以上を抱える世界最大のフードサービス企業である。主要ブランドは、各々独立して事業をおこない消費者に食品を提供しているとはいえ、あくまでも Yum! Brand Inc. が本体であり、企業全体を見るときにはピザ・ハットだけを見ていても、この企業が全体としてなにを考えているのかはわかりにくい。うっかりすると、ケンタッキー・フライド・チキンとピザ・ハットは競争相手とまで思ってしまう。（同一社内の事業部として競争していることは事実であろうが……）。そして、今後、世界規模での企業の再編や統合が進展すれば、個別のブランドだけを見ている消費者にはますますグローバル企業が考えていることはわかりにくくなっていくであろう。

　この例のように、現代社会のおおくの活動は企業という組織を通じておこなわれ

ているにもかかわらず、肝心の企業の具体的な行動や、その結果が社会や環境へいかなる影響をおよぼすのかということについて、どうも「便利さ」が「問題意識」に優先しているような気がするからである。現実を知ったうえであれば、納得して一定の行動を取るかどうかは個人として決めればよい。しかしながら、なんだかよくわからないうちに、つい「便利だから」というままにおこなう行動が、社会や環境、そして将来の世代に与える影響について、われわれは一度立ち止まって考えてみても良いのではないだろうかと思う。

さて、国家をひとつの企業としてとらえた場合、その売上高に相当するものはなんであろうか。いろいろな考え方があるだろうが、ここでは国民総所得（GNI：Gross National Income）を取りあげてみよう。ドルベースでの比較をした場合、2004年における世界最大の「企業」はアメリカ合衆国（約12兆ドル）であり、次に日本（約4.7兆ドル）が続く。続いて、ドイツ、イギリス、フランス、中国などと大体15位位までは比較的知られた国の名前が登場する。

ところが、19位のスウェーデン（3,200億ドル）あたりまで来ると、規模としてはWal-Mart（2,900億ドル）の売上高と同じになり、BP（British Petroleum）やエクソン・モービル、ロイヤル・ダッチ・シェルといった石油企業（2,600～2,800億ドル）の方が、インドネシア、サウジアラビア、ノルウェーなど（2,300～2,500億ドル）の国々よりも大きい。

穀物輸出において南米の重要な一角を占めるアルゼンチン（1,400億ドル）などですら、ゼネラル・モータース、ダイムラー・クライスラー、トヨタ自動車、フォードといった自動車メーカー（いずれも1,700億ドル強）の売上げより、はるかに下位にきてしまう。こうした視点で見ると、とてつもない規模のWal-Martを別にすれば、世界経済のなかで、なぜ、石油会社や自動車会社が注目されるかがよくわかるかと思う。

これらの企業にとっては世界全体がひとつのマーケットである。そして事業の規

はじめに

模で見るかぎり、彼らの動きは少なくともひとつの国や地域の動きにも匹敵するほどの社会的影響力を持っている。最高経営責任者（CEO：Chief Executive Officer）は、一面では国家元首以上のパワーと影響力を持っているといっても過言ではない。

さて、元来、経済学の本旨は社会全体におけるさまざまな経済現象のあいだに存在する法則を見つけ、これらを実社会に効果的に適用するということを意図したものであった。これにたいし、経営学は実社会への効果的な適用のなかでも、とくに企業をはじめとした各種組織を効率的・合理的に運営する手法を検討する分野であったと思う。

もし、今でもこれが正しければ、私たちは現在の社会に存在するさまざまな問題を見つめ、解決していくために、グローバルな市場で多大な影響力を持っている企業の動向や戦略を無視することはできない。彼らの動きやその影響を従来の国家の行動と同じような視点で見ないことには、実際に社会に起こっている問題の原因を究明することはもちろん、これから起こるであろう問題を予測することなどはきわめて難しいであろう。

具体的な例で考えてみよう。私たちが毎日口にする食品や農畜産物を例にとれば、目の前に出された最終的な形としてではなく、たとえば、中学1年生で習った5W1Hという基本的な概念でもよい、いつ、どこで、だれが、なぜ、なにを使って、どのようにして作った結果、目の前に届いたものであるかを「じっくり考えて見ること」だけでも現代社会の大きな動きを見ることは可能である。

気がついてみれば、いつのまにか世の中は本当に便利にはなったが、結構知らないことがおおく、あるいは既成事実化して毎日当然のように「受け入れている」か「流れている」ことが多い。自分がよく知っていることについては明確な意見を述べることができても、直接自分の日常に関係ない「一見便利なこと」については、筆者も含めなんとなく見逃し、受け入れてしまっていることが多いと思う。たとえば「骨のない白身魚」をいつのまにか不思議に思わなくなっているとすれば、その傾向は

かなり強いと言えよう。しかし、まちがいないことはひとつ、一人ひとりがみずから「考える」ことを忘れ、社会の構成員のおおくが同じように日々に流された場合、いずれかの時点で必ず「ツケ」は回ってくる。現代の企業活動や社会をめぐるさまざまな問題のおおくが、本来考えなければいけない立場にいる個々人が、みずから「考える」ことを放棄した結果生じたといっても過言ではないと思う。「アグリビジネス」の世界、「食」をめぐる世界でも事情は同じである。

　本書では、種子、遺伝子組換え作物、エタノール、食肉加工に関する業界と関連企業の動きをとりあげるとともに、私自身の実社会におけるささやかな経験のなかで、少しでも今の世の中に必要と思われる「視点」と「考え方」について、可能なかぎりわかりやすい形で紹介したつもりである。本来は、検討対象に海産物分野も加えるつもりであったが、私自身の能力不足により、この分野の検討は別の機会に別途おこなうことでご容赦をいただきたいと思う。不備な点、まちがい等があればそれはすべて著者である私の責任である。

　最後に、無謀な試みをこうして著作の形にするチャンスを与えてくれた作家・写真家・冒険家、そしてなによりも企業経営者である清水弘文堂書房の礒貝　浩社主と、私の典型的なバリバリのジャパニーズ・イングリッシュの質問にも丁寧におつきあいいただいた宮城大学国際センターのアン・マクドナルド助教授に深く感謝したい。また、全国農業協同組合連合会（JA全農）勤務時代に毎月連載の形で発表した「注目すべき世界のアグリビジネス」シリーズにおける種子やパッカーの動きに関する拙稿、宮城大学に移ってから発表した遺伝子組換え作物やエタノールに関する拙稿の加筆・修正と、こうした形でのまとめをご快諾いただいた日本アグリビジネス・センターの篠崎武常務理事および時事通信社「農林経済」編集部の新井賢司編集長、そして新米大学教授のわがままかつ幾度にもおよぶ修正原稿を辛抱強くお待ちいただき対応していただいた同社の小塩　茜さんには厚く御礼を申しあげたい。

　　　　　　　　　　　　　　　　　　2006年12月　仙台の研究室にて

序章　研究の対象と論点および先行研究
―― 透明化するアグリビジネスの集中と環境

「ラウンドアップ」が象徴する問題意識

「ラウンドアップ（Roundup）」。

言うまでもなく、アメリカのモンサント社が発売している除草剤 Glyphosate の商品名であり、同社の資料によれば、「世界 130 か国以上で登録され、100 以上の作物にたいして雑草のコントロールをおこなう農薬として承認されている」今や世界でもっとも有名な農薬である。[1] そして「ラウンドアップ耐性（Roundup Ready）」と言えば、この除草剤に耐性があること、簡単に言えば、当該作物は遺伝子組換え技術により除草剤ラウンドアップを散布しても枯れないということを意味している。たとえば業界関係者は「RR 大豆」という呼び方をするが、これは「Roundup Ready 大豆」の略である。

これ程までに有名な「ラウンドアップ」であるが、そもそも "round up" という言葉がアメリカの歴史のなかでどのような意味を持っているかを本当に理解している日本人はどの位いるのだろうか。この言葉は、アメリカの小学校ではしっかりと教えられる重要な歴史的意味を持っている言葉であるにもかかわらず、日本人の場合には、筆者が試みにたずねた複数の穀物や農薬業界にかかわる人間でもその本来の意味すらまったく知らないことが多い。当然のことながら、彼らは現在の RR 作

---

[1] モンサント社資料 "Backgrounder: History of Monsanto's Glyphosate Herbicides" 2005 年 6 月。アドレスは http://www.monsanto.com/monsanto/content/products/productivity/roundup/back_history.pdf　2006 年 10 月 5 日アクセス。

物の状況についてはきわめて詳細にマーケットや生産者の動向を理解している。もちろん、こうした知識の有無が実際のアメリカにおけるビジネス上で大きな差異を生むことはほとんどない。なぜなら、繰り返しになるが、当のアメリカではラウンドアップ本来の意味を知っていることは小学生の「常識」だからである。以下は小中学生向けの「学生辞書（Student Dictionary）」における説明である。

roundup[2]
1.a. The herding of cattle or other animals together for inspection, branding, or shipping.（検査、格づけ、輸送のためにまとめられた牛あるいはほかの家畜の群れ）
1.b. The workers and horses that take part in such an act.（上述の行為をおこなう人や馬）

なお、筆者の子供が使用していた社会科の教科書（当時5年生）にはカウボーイのグループが大量の牛の群れを追いながら鉄道ターミナル近くの家畜市場へ大平原地帯を移動していく様がイラストとともに克明に描写され、そのなかでラウンドアップという言葉についても説明がなされている。さらに、これも農薬業界ではきわめて有名な「ラッソー（Lasso）」という商品（これもモンサント社の商品）があるが、この言葉のもともとの意味についても説明がなされている。モンサント社はきわめて「戦略的」かつ「有効」なネーミングをしたと今更ながら感心する次第である。

ところで、筆者には、この状況、つまり本質を理解しない（できない）まま、現実に物事が次つぎと既成事実化していくという状況は、そのまま現代のアグリビジネスにおける集中と環境に関する諸問題と重なっているように思われる。

もともとアグリビジネスの集中と環境がもたらすさまざまな問題に関して筆者の関心が芽生えたのは、今から6年前、2000年2月に開催された農業アウトルッ

---

2 "The American Heritage Student Dictionary" 829ページ Houghton Mifflin 1994。

ク・フォーラム（Agricultural Outlook Forum）に遡る。毎年2月にワシントンD.C.で開催されるこのForumに参加していた筆者は、当時アメリカ司法省反トラスト局内部に新設された「農業に関する特別カウンセル（Special Counsel for Agriculture）」という立場にいたDouglas Rossが、「反トラスト法の執行と農業（Antitrust Enforcement and Agriculture）」と題する簡単なスピーチを聞く機会に恵まれた。

このスピーチにおいて、Rossは「反トラスト法が禁止しているもの」の概要を簡潔に説明したが、とくに、おおくの農業関係者にとってはそれまであまり意識してこなかったであろう「反トラスト法違反」に関し、具体的な実例をあげて紹介している点が深く印象に残った。[3] ポイントは、現在のアメリカの反トラスト法には、基本的に三つの種類の違反があること、すなわち、第一に市場へのアクセスあるいは競争を抑圧するような共謀（consupiracies）の禁止、第二に、市場における独占を目的とした、あるいは独占を維持しようとした略奪的（predatory）あるいは排他的（exclusive）行動の禁止、第三に、市場において競争を実質的に減少させるような合併・吸収の禁止、である。反トラスト法を少しでも学んだことがあれば、これらはきわめてあたりまえのことであるとわかるが、問題は、なぜ、このようなあたりまえのことをRossがわざわざ公開のフォーラムで話したかである。

この背景は、Rossがこのスピーチの冒頭で述べたとおり、「過去数年にわたり、農業生産者と関係者は農業分野における競争的状況、すなわち、特定の企業買収が農家に与える影響や、農業分野全体における集中の度合いについて関心を表明してきた」という事実が存在する。当時の筆者の記憶、そしてアグリビジネスに関係する内外の環境を思い起こすと、この当時の象徴的な出来事がいくつか思い浮かぶ。

まず、1996年からアメリカにおいても遺伝子組換え作物の商業生産が開始され、

3　Rossのスピーチについては、拙訳「反トラスト法の執行と農業」『のびゆく農業』901号　農政調査委員会　13-17ページ　2004年4月。

その後は毎年急速に作付面積が拡大されていった。商業化前後のある時期まではその是非についてさまざまな議論がおこなわれていたものの、一旦公式に商業化が決まり一般の農業生産者の手の届く位置に現れた途端、除草剤耐性の大豆・綿花を中心に急速にそのシェアが伸びていったことは周知の事実である。

また、1998年には、日本では長い間穀物メジャーとして知られていたカーギル社が、同じ穀物メジャーのコンチネンタル・グレイン社の北米における穀物部門を買収することを発表した。この結果、カーギル社はますます強固になり、一方、穀物部門を手放したコンチネンタル・グレイン社も、その後はコンチ・グループという形で、コア・ビジネスを穀物から畜産に変更し、現在では世界でも有数のグローバル畜産企業となっている。

さらに、食肉加工分野では、1980年当時36％しかなかった上位4社のと畜シェア（牛）が1990年には72％となり、2000年当時には80％を越えるという状況に至っていた。苦労して肥育した牛を販売しようにも買い手のパッカーの集中度が急速に上昇し、買い手が寡占化する状況のなかで生産者が悲鳴をあげているというクレームが内外のメディアを通じてさまざまな機会に伝えられるようになった。集中度は畜種別に見れば、牛が第一であったが、豚や家禽も同じ方向で動いていたこと、さらには大規模家畜施設の集中により環境問題についてもおおくの議論がおこなわれたのである。

また、穀物分野では遺伝子組換え作物の是非をめぐる議論が過熱していた2000年秋、「スターリンク事件」が発生し、最終的には実際にスターリンクを生産していなかった農家による集団訴訟までもが発生している。[4] こうした状況のなかでアメリカ産穀物を輸入していた海外の需要サイドは、一部では調達先を他産地へシフ

---

4 この訴訟の詳細については、拙稿「遺伝子組換え作物の不適切な取りあつかいはいかなる訴訟を受けることになるか？——スターリンクを使用していない農家が提起した集団訴訟」『海外諸国の組換え農産物に関する政策と生産・流通の動向』（GMOプロジェクト研究資料第3号 農林水産政策研究所 2004年）を参照のこと。

トしたが、そのおおくは遺伝子組換え作物と通常の作物との分別生産中通管理、いわゆるIPハンドリングを徹底することにより、非遺伝子組換え作物を望むユーザーの要求に応える方向性で事業を展開し、現在に至っている。[5]

一方、食肉業界は、口蹄疫、BSE、表示偽装、そして鳥インフルエンザとつづく「災難」により、これまで以上に家畜の育て方、給餌されている飼料の内容、パッカーによる買いつけの実態、と畜や加工処理の方法といったことにたいし、世の中一般からの関心を集めることとなった。もちろん、その背景には「食の安全性」という大きな前提があることは疑いようがない。

こうした各々の出来事はもちろんひとつひとつを見れば独立して発生しているが、いずれもアグリビジネスのさまざまな「集中」の過程、そしてフードシステムの各プロセスにおけるマネジメント、そして個人および組織的判断の結果である。本書は、このような流れのなかで、現実に拡大してきた遺伝子組換え作物の作付や、ここ数年で急速に火がついた感のあるバイオ燃料の原料としての穀物、そして、とくに食肉加工産業における「集中」そのものにたいして懸念が表明され、当局としてはどう対応すべきかといった議論が繰り返されるなかで、それまで産業一般の競争を対象としていた反トラスト法とアグリビジネスとのかかわりがより強く認識されていくという流れについて、企業の動きを通じて、大げさに言えば「100年ぶりに」とらえてみようとしたものである。[6]

---

5 立川雅司「アメリカにおける遺伝子組換え作物をめぐる規制・生産・流通の動向」『GMO: グローバル化する生産とその規制』藤岡典夫・立川雅司編著　農山漁村文化協会　2006年　39ページ。筆者の畏友である立川は、この動きを「戦略」として簡潔に表現しているが、関連業界で長年、まさにこの実務を経験した筆者の視点から見れば、これは状況を分析してつくりあげた「戦略」ではなく、中長期における日々の熾烈な対応の蓄積、ミンツバーグの言葉で言えば「創発的戦略」である。したがって、その場その場の「戦術的対応」が一定期間蓄積されたものにすぎないが、こうしたものであってもある段階をすぎると、国や組織としての「戦略」に昇華していくという事例のひとつであると言えよう。

6 「100年ぶり」の背景はシンクレアの『ジャングル』が1905年にはじめて世に出たからにほかならない。

言うまでもなく、アメリカの反トラスト法の中核は、1890年のシャーマン法、1914年のクレイトン法およびFTC法（Federal Trade Commission Act：連邦取引委員会法）であり、これに穀物・畜産関係では本書でも言及する1921年のパッカー&家畜市場法（P&S法：Packers and Stockyards Act）という法律が加わる。ちなみに、シャーマン法制定後の1905年にはシンクレアの名作『ジャングル』が発表され、翌1906年には、この作品の影響もあり食肉検査法が制定されたことはよく知られている。当時の食肉加工業界はBig 5と呼ばれた大手5社が牛耳るBeef Trust（ビーフ・トラスト）の時代でもあった。つまり、食肉加工業界と「集中」や反トラスト法とのつきあいは現代の我々が想像している以上に「長くて深い」のである。

さて、先に述べたRossのスピーチは、内容そのものは反トラスト法の基本的概念を示したものであるが、当時、アグリビジネスで起こっていたさまざまな変化について、着実に広がりつつあった懸念にたいし、農務省だけでなく司法省も真剣に取り組むという強烈なメッセージを伝えたという点で重要な意味を持っている。

こうした流れのなかで、2000年以降、連邦政府の機関や各州の大学、あるいは民間の関係者などのなかでもアグリビジネスの集中と環境に関するさまざまな研究がおこなわれていく。代表的な事例をあげれば、先のRossのスピーチと同じ年、2000年7月、アメリカ農業経済学会のワークショップにおいて、Robert McGeorgeが「農業とフードシステムに対する反トラスト基準の適用（拙訳「のびゆく農業913号、同、2001年4月」という発表を行った。McGeorgeは前述したカーギル社のコンチネンタル・グレイン社北米穀物部門買収の審査において、実質的に司法省をリードした人間である。ここで、McGeorgeは穀物業界再編におけるクレイトン法の適用に関し、1997年の水平合併ガイドラインをベースに、産業全般に適用される合併審査というものが、アグリビジネスの世界でどのように具体的におこなわれたかという点を法の執行者という立場から明らかにしている。

序章　研究の対象と論点および先行研究

　同じ時期、2000年6－7月号の農務省機関紙「Agricultural Outlook（当時）」では、農務省の James MacDonald と Michael Ollinger が「食肉加工業界の再編：その原因と関心」と題する論文を発表している。MacDonaldは、2000年2月にRossがスピーチを行った Agricultural Outlook Forum において、「アグリビジネスにおける集中（Concentration in Agribusiness）（拙訳：「農林経済」9261-9262号、時事通信社、2000年4月）」と題する簡単な発表を行っており、ここでは、「買い手の集中」、「契約の増加」、「バイオテクノロジーの影響」といった視点から情勢を解説しているが、Ollingerとの連名論文ではもっとも集中が明瞭に現れている食肉加工業界に焦点を絞り、同業界の集中の背後にある要因にたいして加工施設やと畜のコストといった観点から分析を試み、集中化した市場における政策上の挑戦は、競争を制限しないことであると指摘している。

　一方、1921年のP&S法を一部改定する形で2000年11月に成立した穀物基準および倉庫改善法（Grain Standards and Warehouse Improvement Act of 2000, Pub. L. No. 106-472）では、連邦議会の意向として、毎年3月1日までに、農務長官は議会にたいし、牛および豚の業界に関する一般的な経済情勢、これらの業界におけるビジネス実態と変化、そして、P&S法の執行という観点から見た場合にこれらの業界でおこなわれている懸念すべき事項、について報告をおこなうことが正式に定められた。これを受けて、農務省穀物検査・家畜市場局（GIPSA：Grain Inspection, Packers and Stockyard Administration）は翌年から毎年レポートを作成することとなった。GIPSAレポートは2006年10月時点までに5回発行されており、本書の食肉加工業界に関する検討は、これをベースにしている。

アグリビジネスに関連する諸研究

　一般論で言えば、この分野は伝統的には農業経済学の研究対象領域に該当するため、これまでのわが国の研究のおおくは農業経済学からのアプローチが中心であり、これとは別に一般の経済学者のなかで関心を持った研究者が適宜研究を行ってきたと言えよう。さらに、誤解を恐れずに言えば、ある意味ではなばなしい分野ではな

いため、ジャーナリストによる暴露的な一般啓蒙書の登場が世間の関心を集め、それに応えあるいはその誤りを修正する形で伝統的分野の研究者が研究を発表していくという流れも存在したことはほかの学問分野でも同じではないかと思われる。現実には本書で対象とした分野について、わが国だけでなく海外でもじつにおおくの研究がなされてきているが、海外の研究については実際に本書の各章において本書執筆時点でもインターネットを通じて参照可能なものを中心に注釈の形で必要の都度紹介していくこととし、ここでは日本におけるこれまでの研究の流れと問題点を簡単に記しておきたい。

　第一に穀物分野について言えば、総論として「農業経済学」や「アグリビジネス論」などのおおくのテキストで触れられている研究、あるいは「アメリカの農業」的な包括的書籍のなかで触れられている研究を除いた場合、1979年のアメリカのベストセラーである Dan Morgan の「巨大穀物商社（The Merchant of Grain）」から1988年の宮崎宏・服部信司「穀物メジャー・食料戦略と日本侵攻」に至る過程で、当時はほとんど一般に知られておらず穀物メジャーと呼ばれていた非公開かつ多国籍の少数企業による穀物取引の実態というものが広く認知されるようになったと言えよう。この時期から1990年代までは、流れとしても生産・流通、そして業界の構造分析を中心とした研究が継続していく。

　同じ穀物の生産・流通を取りあつかったものでも、2001年の磯田宏「アメリカのアグリフードビジネス - 現代穀物産業の構造分析」になると、分析対象範囲が食品企業まで含まれるようになり、穀物流通の垂直的統合・組織化といった面で、産業組織論をベースとした業界の構造分析の色彩が一層強くなる。さらに、本書との関係で言えば、遺伝子組換え作物の作付が拡大していくなかで、「規制」および「政策」という観点から変化しつつある現状全体をなんとか捉えようとした2006年の藤岡典夫・立川雅司「遺伝子組換え作物と穀物フードシステムの新展開」は貴重な試みであるし、2004年にみずからコンチネンタル・グレイン社日本法人での長年の経験をもとに記した茅野信行「アメリカの穀物輸出と穀物メジャーの発展」は、企業経営あるいは現実のビジネスという視点から穀物関連業界を見る場合に必要な貴重

な示唆を数おおく与えてくれる国際穀物取引最前線の生き証人の記録でもある。

　これにたいし、1999年の大塚善樹「なぜ遺伝子組換え作物は開発されたか‐バイオテクノロジーの社会学」は、大塚の豊富な農芸化学の知識をベースとした上で「農業や生命の商業化」というだれもが感じてはいても生命科学や倫理・哲学関係者の一部を除き、実際に正面から科学的事実をもとに論じることのなかったアグリビジネスの社会・政治的な影響面を指摘している。狭義の学問分野にとらわれることなく、同じ「遺伝子組換え作物」という対象を異なる視点から見た場合に、我われが真に検討すべき重要なポイントを提示している。今のところ、大塚の後に、この方向から「遺伝子組換え作物」に関連する諸問題をさらに深く追求している本格的研究は国内では見当たらないが、医療分野での同様の事例を参考にしつつおおくの後続研究を期待しているのは、学会だけでなく実業界も同様であろう。

　畜産・食肉加工分野における研究は、実際問題として畜種別にかなり細かく特化している。おおくの研究は、畜産学あるいは農業経済学を専門とする研究者によりなされてきており、経営学的アプローチがあったとしても、それは農業経済学からのアプローチの中に経営の視点を取り入れて分析を行ったという形が多い。あるいは、特定の一国または特定の企業などの畜産経営像を解説するなかで、当該国の畜産関連の仕組みや特定企業の事業内容を紹介・解説するといった形が中心となっている。こうした研究はなにも情報がない時代においてはきわめて重視されるものであるが、現代社会で我われが抱えている問題は、大規模畜産農場が抱える問題ひとつ取っても、畜産経営学の伝統的領域だけで収まりきらないほど隣接諸分野、あるいはまったく想定もしていなかった分野との調整が求められる。それにもかかわらず、場合によっては、必要に迫られて、本来、技術の専門家であった人間が経済や経営・法律を論じ、逆のケースもありうるというような状況がさまざまな場面で見られることとなる。その結果、最悪の場合には、当該問題を抱えている当事者の意向とは別の次元で「科学と感情」、「科学と経済・法律」との対立が起こる。その際、問題の捉え方をみずから限定するか、対象領域を拡大していくかはもちろん自由であるが、学問の根本的意義が社会問題の原因の分析と解決手法を提供するという視

点に立てば、良識にもとづきなにをすべきかは自ずと明らかになるであろう。後は、古風な表現だが「志」次第である。

さて、現実問題として、口蹄疫やBSEといった個別の問題に関する一般啓蒙書はかなりおおく出されているが、食肉加工業界そのものを経営・経済といった視点で正面から取りあげた研究はやはり少ない。そうしたなかで、2001年に出された新山陽子「牛肉のフードシステム」は、それまでの類書、正確に言えば、個別分野のみの研究に特化した類書と比較した場合、対象を日米欧の全体比較というマクロな視点で捉えていることと、従来の垂直的統合・調整を中心とした分析だけでなく、本書で対象としている寡占市場における競争を「競争的寡占下の牛肉フードシステム（アメリカ）」と明確に位置づけた研究がなされている点で、必読であろう。ただし、変化の著しい業界では、使用されているデータおよび規制環境・法制度に関する最新の状況を絶えず付加していかざるをえないという宿命を負っている。

こうした流れを見て気づかれる方も多いだろうが、大学の農学部には農業経済学科は存在してもなぜか農業法学科は存在していない。「寡占」の概念やその理論的意味については経済学のなかで講義されるものではあるが、現実社会で求められるものは、企業経営上の判断（たとえば買収）と、それに対する当局の審査（合併審査）といった形になる。実のところ、この部分は、内容は経済学に準拠していても、手続きおよび実際の判断では法律の知識と運用が大きな影響力をおよぼす。とくに、アメリカにおいては、反トラスト法（独占禁止法）の詳細を理解した上でないといかなる企業であっても存続すらおぼつかない。それにもかかわらず、これまで紹介してきたようなさまざまな研究のおおくが、ほぼ全体的に農業経済学あるいは経済学的アプローチを中心とした形になっている点で、実業界に長い間身をおいた筆者としては隔靴掻痒の思いがしなかったといえば嘘になる。「経済学者が法律を作っている」とまで揶揄される現代のアメリカですら、企業活動の最後のよりどころは法律であり、これを理解しない経営者はゲームのルールを理解しない参加者として市場経済という土俵からも淘汰されていくことになる。

以上のような状況を踏まえた場合、独占禁止法、より広義には経済法という、まさに経済学と法律学の交錯領域の研究、教育、そして理解は、今後ますます求められることとなろう。たとえば、農業協同組合が独占禁止法の適用除外の対象であるということは知られていても、農業協同組合が所有している株式会社が会社法の適用を受けることは明らかであるし、独占禁止法上の不公正な取引を行えば当然違法となる。では、不公正な取引行為とは具体的になにかということをたずねられたとしても正確な法律学の知識がなければ個々人の印象や感覚で応えざるをえないであろう。これでは今後のわが国の農業や食産業を担っていく人間を育てていくことはむずかしい。

　一昔前に「法と経済学（Law & Economics）」という分野が注目を浴びたことがあった。1996年には林田清明が「＜法と経済学＞の法理論」を著し、法に対する経済学的アプローチから立法の経済理論に至るまでをわかりやすく解説している。また、日本における競争法の研究としては、1994年の佐藤一雄「市場経済と競争法」および同じ著者による1998年の「アメリカ反トラスト法」、そして内容をアップデートした2003年の「米国独占禁止法」などがある。

　それでも、依然として、法学と経済学の間、まして農業経済学とのあいだにはそれなりの距離があることも事実であろう。さらに、現在では一部の有力な大学を除き、農学部という名称自体が生命科学や生物資源科学といった形になり、伝統的な農業経済学そのものが一般の目から遠い存在になりつつあることはいなめない。繰り返すが、それでも農業、そして広い意味での食産業を担っていくためには、関係各分野における正確な知識・技術・判断力と、高い「志」が不可欠である。

寡占市場・カルテルに対する理論と規制の経過

　市場における「集中」が増加し、小数企業による寡占状態が出現した際、その少数企業同士が一定の協調的行動をとることにたいして明らかな合意が存在した場合、日本でもアメリカでも共謀として違法（アメリカではシャーマン法1条違反）

となる。問題は、個別企業が独自の判断として意思決定を行ったとしても、「結果として」同じ状況に至った場合である。以下、寡占市場における企業の協調的行動理論について、前出の佐藤一雄「米国独占禁止法」に依拠しつつ、ごく簡単に説明する。

1950年代から1960年代にかけてアメリカ連邦政府の反トラスト法政策に多大な影響をおよぼしたハーバード学派は、寡占状態をきわめて「相互依存的」な状況と表現した。つまり、寡占下においてはその中の1社がたとえば価格値上げを行った場合、他社も同じことをおこなうことによりおたがいにとってもっともよい状況がもたらされるというものであり、これはプライス・リーダーシップ理論と言われた。また、価格競争がおこなわれない場合には、同じ寡占市場で生き残った企業同士の間で非価格競争が中心におこなわれるという状況にもなりやすい。

こうした状況の改善のための政策として、ハーバード学派が提唱した内容は、市場構造の分析に重きを置く「構造主義」的な考え方であり、反トラスト法の政策としても、たとえば、当局としては相互依存的な寡占市場をもたらすような企業結合を厳しく制限するといったものであった。[7]

ところが、1970年代から1980年代にかけて、寡占市場下におけるこうした相互依存は通常考えられているより容易に崩れやすいということが明らかになっていった。そして、いわゆるシカゴ学派による市場原理・市場行動重視型のカルテル理論が優勢になっていく。佐藤前掲書は、「カルテルが存在するためには、①新規参入がそれを崩すことがないこと、②カルテルへの非参加者がそれを崩す程の有力な事業者ではないこと、③当該カルテルによって、産出量の制限に達しうること、④参

---

[7] これはある意味で、環境法分野におけるCommand & Control（命令と管理）といった状況に似ている。環境法分野ではこのあと、次第に市場原理を活用した環境規制という考え方が優勢になっていくが、1970年代から1980年代にかけてのこうした変化は社会全体の変化とも大きな流れという点で一致している点が興味ぶかい。

序章　研究の対象と論点および先行研究

加メンバーによるカルテル破りを、カルテル組織が検証しうること、⑤検証されたカルテル破りをカルテル組織が効果的に罰しうること、⑥以上のことを外部から発見されずに実行しうること、との諸条件が必要であるとの認識が一般化した」としている。

　さらに、現在では、シカゴ学派型の市場行動重視理論の再検討という意味も含め、「ゲーム理論」や「情報と不確実性の経済学」が注目を集めており、寡占市場における協調行動なども、農業分野、食品産業分野におけるさまざまな問題と同様、一般的な経済学の対象のひとつとして研究が各所でなされているという状況である。

　残念なことに、アグリビジネス関連産業、とくに本書で取りあげた種子や食肉加工といった業界は、特定の技術力を別にすれば、全体として見た場合きわめて力のある業界ではあっても、最先端の経済理論や経営理論を次つぎと取り入れて産業全体をリードしているとは言いがたい。いや、誤解のないよう、表現を変えよう。遺伝子組換え作物に代表されるように、こうした業界は社会全体の構造を大きく変える可能性と、実際に大きく変えてきている現実があるにもかかわらず、本来その業界の本質、そして変化が社会に与える影響を調査・分析し、必要な提言を行っていくべきポジションにいるのがだれであるのかが、急速に不明瞭になっていると言った方が良いのかもしれない。

　農業は「総合科学」であるという。筆者の勤めている大学の学部も現在では「食産業学部」という名称になっているが、伝統的「農学部」の世界と急速に変化しているさまざまな社会的現実とのあいだで、将来をになう学生にたいし、食・農・環境といったさまざまな視点から「なにを教えていくか」という点について、当面、大学教育の本質とも密接に関係するさまざまな課題と取り組んでいくことになろう。おそらくは、かつて、あるいは現在でも「農学部」の看板を掲げているおおくの大学が、遅かれ早かれ同じことを経験していくと思う。我われに「有利な」点があるとすれば、それはふたつである。第一は、他の学問分野、他の業界といった先行事例からいくらでも失敗と成功の事例を学べること。そして、第二は、食料は我われが生きてい

く上でもっとも重要なものであるというあたりまえの現実である。ただし、前者の利点は、生産・調達・製造・流通・販売・輸送・保管といった農と食にかかわるあらゆる業界に携わる人間と、我われ学問を生業とする人間が真摯な姿勢で将来を検討してはじめて価値があるということを肝に銘じておく必要がある。

本書の構成

　以下は、本書の構成である。

　まず、第1章で、「種子業界における構造変化の歴史的展開」を取りあつかう。世界の種子マーケットの概要を把握した上で、「商業用種子」というものがどのように登場し、いかに普及してきたかを見た上で、公共部門と民間部門の調査研究費のウェイトを中心に種子マーケットがどのように変化してきたかを検討する。また、その過程で、種子をめぐる意識の変化と、ビジネスの素材としての種子にたいし、主要企業がどのように対応してきたかについても検討する。

　第1章の後半では、トウモロコシ、大豆、綿花、小麦といった品目別に種子マーケットの詳細を検討していく。また、最近のアグリビジネスをめぐる変化を象徴している事例としてアメリカ、ミズーリ州セントルイスに本社があるモンサント社の VISTIVE という新商品をめぐる動向についても紹介していく。

　第2章の前半では、遺伝子組換え作物を検討対象とする。アメリカでは1996年に商業化が認められ2006年までに10年を経過したが、この間の遺伝子組換え作物をめぐるさまざまな論争は、純粋哲学的・理念的なものからアメリカと EU という世界の2大地域における長期的な貿易問題にまで発展するなど「だれにとってもはじめて」の局面を経験してきた。

　今までのところ、遺伝子組換え作物は、いわゆる第一世代と呼ばれる生産者にとってメリットのある作物が中心であるが、すでに食品企業や一般消費者にとってもさまざまな形でメリットのある商品が商業化されつつある。こうした状況のなかで生

ずる単純な疑問、つまり、現実に今、遺伝子組換え作物はどの程度普及しているのかという問題と、このような商品を生産することによりだれがもっとも恩恵を被ったのかという問題についても、アメリカ農務省サイドから公表されている資料をもとに検討をおこなう。さらに、遺伝子組換え作物をめぐる最近の環境訴訟の具体的事例の内容を検討することにより、現実になにが環境問題となっているかを考察する。題材としては、今後の焦点としてわが国にとっても決して無視することのできない遺伝子組換え米と遺伝子組換え牧草（アルファルファ）をめぐる動きを取りあげている。

　一方、第2章の後半では、エタノールという視点から現在の穀物、とくにトウモロコシ・マーケットがどのような影響を受けているかを検討する。「環境に優しい」という魔法の言葉のもと、世界中でバイオ燃料がブームとなっているが、その実態については技術的な側面での解説が中心であり、経済面、社会面、そして環境面での影響を正面からとらえた研究は比較的少ない。アメリカだけを見ても、急増するエタノール需要が、全体としてどのような影響を与えるのかについては、まだまだ不明瞭なところがある。また、エタノールについては、その副産物であるトウモロコシ蒸留粕（DDGS）が各国の飼料業界を中心に新規原料として注目されているにもかかわらず、一般には馴染みが薄い。それでも、副産物としての生産量は確実に伸びている。

　遺伝子組換え作物の作付の急増と、エタノールに代表されるバイオ燃料の原料としての穀物需要の増加、これに大規模かつ企業化・集中化した畜産の飼料需要が加わっているのが、現在の穀物をめぐるマクロな動きである。これらの変化はすべて同時多発的に起こっているため、どれかひとつだけを取りあげて論じることは技術的には可能であっても、全体像を見失うことになりかねない。そして、こうした状況は、生産者の立場から見ると、どのような選択肢と将来への展望をもたらしているのかについて、農業経営者としてますます真剣かつ重要な意思決定をもたらすことになる。こうした点についても一定の検討を行っていく。

第3章では、「アメリカにおける食肉加工産業の集中と環境」を検討する。食肉加工業界については、すでに述べたように業界の集中・寡占化に伴う数々の「懸念」が提起され、それにもとづき、実際に公式の調査が何度も実施されている。ただし、アメリカ議会に提出された農務省のレポートを詳細に見ていくと、時間の経過とともに内容がきわめて簡素なものになっていることに気がつく。当初、「懸念」されていた問題が無事に解決された結果としてのことであれば問題はないが、どうも状況証拠はそうなっていない。そこで、具体的に、家畜の値決めと調達における諸問題、たとえば、パッカーによる競争制限、少ない取引時間、薄い現物市場といった問題から、垂直的および水平的コーディネーションといわれるキャプティブ・サプライの問題や、契約の問題、さらにパッキング・プラントの操業や食肉の格づけにおける技術変化の問題といったものを順次検討していく。

　なお、これらのレポートの原本はいずれも、本稿執筆時点（2006年11月）で自由にインターネットを通じ入手可能なものばかりであり、可能なかぎりアドレスを記載している。ひとつひとつの資料はそれなりに完結しているものの、同じ趣旨のもとにつくられたレポートが、ある程度の期間を通じてどのように変わっていったかを見ることは、非常に興味ぶかい。各年のビジネスや社会の環境はもちろんであるが、その時どきの当局自体がどの程度、与えられた課題にたいして真摯に取り組んでいたかを示している。それらを検証し、我われはしっかりと見ているということを伝えるという意味においてもこうした試みは重要ではないかと思う。社会的な理由があるからこそ、時間と費用をかけてつくられたレポートである。形にしただけで終わりというのであれば、それはたんなる自己満足にすぎない。たとえ陳腐な内容であってもなぜ、そのような内容になったかを洞察するところから将来への確固たる展望へつづく道が開けると思う。

1 種子業界における構造変化の歴史的展開

第1節
植物種子市場の集中をめぐる歴史的展開

　農業生産者以外のおおくの人にとって、日々の生活のなかで植物種子の世界はほとんど接点がないかもしれない。小中学生時代に理科の鉢植えを育てた経験、あるいは大人であれば花壇や家庭菜園を通じたつきあいといったものがある程度ではないかと思われる。まして、トウモロコシや大豆の種子ということになれば、最終製品あるいはその加工物は毎日目にしていたとしても、「種子」という形であらためて認識する機会は、都会の日常生活のなかでは非常に少なくなってきている。

　以下では、こうした種子の世界とその「集中」の状況について、アメリカを中心にして概要を紹介する。そして、種子産業を構成する企業がどのような動きをしてきたか、業界の再編と集中がどのようにしておこなわれてきているかを見ていきたい。

1. 世界の植物種子市場の特徴

　世界の種子マーケットの規模については、どの数字をもちいるかによりやや内容が異なる。国際種子取引協会（ISF：International Seed Federation）が、2005年

第 1 節　植物種子市場の集中をめぐる歴史的展開

時点の数字として発表している数字の規模は約 268 億ドルとなっている。[8] このうち、最大の市場規模を持つ国はアメリカで 57 億ドル、次が中国で 45 億ドル、そして日本が 25 億ドルで、以上が上位 3 か国である。アメリカが世界全体の 21％、中国が 17％、日本が 9％、上位 3 か国合計で約 127 億ドル、全体の 47％を占めている。

以下、10 億ドル以上の市場規模を持っている国としては、フランス 19.3 億ドル、ブラジル 15 億ドル、ドイツおよびインド各 10 億ドル、そして、アルゼンチンがわずかにおよばず 9.3 億ドルとなっている。ベスト 10 位以内にはこのほかに、イタリアとカナダが存在する。

こうしてみると意外に思う方が多いかもしれないが、種子マーケットの規模はほかのビジネスに比べてみた場合、けっして大きいものではない。たとえば、最大のマーケットを誇るアメリカの 57 億ドルですら（もちろん、一個人としてみれば大きな金額であることはまちがいないが）、ADM 社の四半期売上高にもおよばないし、スミスフィールドフーズ社の年間売上高よりもはるかに少ない。[9]

この「市場規模」ということが企業経営にとってなにを意味するかは明らかであ

---

[8] "Seed Statistics", International Feed Federation. アドレスは　http://www.worldseed.org/statistics.htm#FIGURE%201　2006 年 8 月 22 日アクセス。

[9] ADM 社はアメリカ・イリノイ州ディケーターに本社を持つ世界的なアグリビジネス企業。大豆、トウモロコシ、小麦、ココアの加工における世界最大の企業のひとつ。従業員数 2 万 6 千人、世界中に 260 か所以上の工場をもち、一次産品の加工から最終商品の販売まで幅広いビジネスを展開している。2005 年の売上高は 366 億ドル。2006 年 5 月には同社でも初の女性 CEO（最高経営責任者）が誕生した。2005/06 年度の第 4 四半期売上高は 95 億ドル（年間売上高 366 億ドル）。これにたいし、1975 年以来投資家にたいして年平均 24％のリターンを提供し続けてきた養豚・生鮮豚肉加工の最大手であるスミスフィールドフーズ社の 2005 年度売上高は 114 億ドルである。活発な「買収による成長」を続けてきたスミスフィールドフーズ社は、2006 年の動きだけを見ても、コナグラフーズ社から Cook's Ham（1 月）および冷凍食肉ビジネス（7 月）を買収、豚のと畜では業界 10 位の Sara Lee のヨーロッパにおける食肉部門を買収（8 月）、そして、9 月には業界 6 位の Premium Standard Farm の買収に合意したことが発表されている。

ろう。あくまでも一般論であるが、さまざまな部門を抱えグローバル市場で競争している企業にとって、製薬や化学などと比較した場合、種子は市場規模自体が小さく、けっして魅力的な投資対象（あるいはマーケット）ではないということになる。[10]

さらに、新製品の開発にとてつもない時間がかかれば、莫大な調査研究費を投入しても回収までの時間がかかる。技術開発の結果であれ商業化した後の投資コストの回収であれ、時間がかかれば四半期ごとの株価に一喜一憂する株主や投資家の期待にも応えにくいし、小規模のマーケットに複数の競争相手が参入すれば競争の激化といったことも当然発生することになる。

つまり、仮に自分が「それなりに自由になる」大量の資金を持っており、「投資（investment）」という観点から見た場合には、余程革新的かつ将来性が期待できる技術を持っている種子企業か、あるいは短期的なリターン狙いではなく中長期的に「業界に投資する」とでもいった形でモノを見ていかないかぎり、種子産業自体はけっして魅力的な投資先ではないということがわかる。そして、事実、バイオテクノロジーが現実的な利益をもたらすことが明確になってくる以前には、かなり長期間にわたり、一般的な投資家が種子業界に注目することは比較的少なかったのである。

2. 植物種子市場の構造変化と商業用種子の影響

ひと個とで言えば、20世紀のはじめまでのアメリカにおける種子は、自分の農場で前年に取れた作物の一部を保存していたもの、いわゆる農家保存種子が使われていた。種子が足りないときには近隣の農家同士での貸し借りも頻繁におこなわれていたようであり、こうした習慣はある時期まで日本を含めたおおくの国々で似たような形で存在していたようである。言い換えれば、それまでは、そもそも商業用種子あるいは流通種子といったもの自体が少なかったのである。ところが、今日では

---

10 ちなみに製薬業界で売上高世界1位のファイザー社の2005年度売上高は513億ドルである。

第1節　植物種子市場の集中をめぐる歴史的展開

ほぼすべての種子が商業用流通に乗ったもの、つまり、種子会社が開発し、種子ディーラーが直接あるいは農協などを通じて販売するという流れが一般的になっている。

　いったい、こうした変化はいつごろからどのようにして起こったのであろうか。これについて、人によっては1960年代のトウモロコシに代表されるハイブリッド種子の急速な普及を思い浮かべるかもしれない。たしかに種子流通の歴史におけるハイブリッド種子の普及は大きな役割があったが、商業用種子自体の流通、とくに農家の自家保存種子から商業用種子使用という変化が進展したのはアメリカの場合にはかなり古く、1915年から1930年ごろとみなされている。[11]

　商業用種子の流通の背景には生産農家の需要の変化も見逃せない。もともと個別農家の自家保存による種子は数量や品質のバラツキがおおく、農業生産が大規模化するにつれ、次第に一定の品質に対する安定的・継続的な供給の必要性が高まってきたという現実的な事情がある。

　これにたいし、供給面から見れば別の理由が存在する。当時、農家が使用していた種子の大半は、実際問題として公共部門（より具体的に言えば、いわゆる land-grant colleges と総称される中西部の農業系大学や、州政府の研究所）により開発されたものであった。したがって、当初はこうした大学などで開発された種子を、小規模で家族経営が中心の地域に根づいた種子業者が細ぼそと地元農家に供給していたのである。

　1915年以降、アメリカでは各州・各品目において「種子認証プログラム（Certified Seed Program）」が登場する。[12] これにより農家は一定の品質が保証された種子を

11　Fernandez-Cornejo, Jorge, "The Seed Industry in the U.S.", USDA, ERS Agriculture Information Bulletin 786, Jan. 2004.　拙訳『アメリカの種子産業』「のびゆく農業949号」農政調査委員会　2004年4月。以下、本稿の統計数字のおおくをこれに依拠している。ただし翻訳は全体の一部であるため、以下、訳出していない部分については原文の出所を記載する。

12　Fernandez-Cornejo, J., "The Seed Industry in the United States", USDA-ERS, 2004年1月

確実に入手できるようになった。種子業者は、当局から認証された種子の供給者という新たな機能を持つようになり、今日にいたる種子業界そのものがスタートしたと言ってもよいであろう。

さて、1930年当時のアメリカには約150の種子会社が存在していたと言われているが、このおおくが小規模な家族経営企業であったことは想像に難くない。こうした家族経営の企業にとって、現代の大企業がおこなうような調査研究（R&D）に大量の資金をつぎ込むことなどはほとんど不可能であったと思われる。そもそも、種子開発自体が公共部門でおこなわれていたため、みずから資金を投資して調査研究をおこなう積極的な必要性もなかったといえよう。

結果として、おおくの種子業者は、種子の開発技術者というよりは流通業者として、新たに拡大してきた商業用種子マーケットのなかで競争を繰り返すこととなった。ちなみに、第二次世界大戦終了前の1944年当時ですら、アメリカの種子用トウモロコシのマーケット規模は7,000万ドル以上に拡大していたと言われている。[13]

3. 1960年代：ハイブリッド種子の本格的普及と調査研究主体の変化

トウモロコシのハイブリッド種子がはじめて実際に植えつけられたのは、一般に考えられているよりもかなり古く、1933年当時と言われている。一方、一般にハイブリッド種子の時代といえば1960年代を思い浮かべることが多い理由は、まさにこの時代にアメリカにおけるトウモロコシの作付のほぼ全量がハイブリッド種子になったからにほかならない。

この時代、種子流通業者の中には、農家に代わってみずから商業用種子の生産を

25ページ。アドレスは　http://www.ers.usda.gov/publications/aib786/aib786.pdf　2006年9月20日アクセス。

13　前掲拙訳12ページ。

おこないはじめた業者（企業）も出てきている。そして、当初は大学や公共の研究所で開発された種子を単純に生産していただけのこうした流通業者の中にも、マーケット規模の拡大にともない、地域や顧客農家の規模、さまざまなリクエストを考慮した上で、種子の独自開発・調査研究をおこなうような企業が出はじめる。

やや古いが、ここで1960年代における公共部門と民間部門の農業関係調査研究費、とくに育種関係調査研究費の推移を比較してみよう。古い統計における分類上の整合性の問題はあるが、1960年代になにが起こったかという傾向は十分に見て取れる。単位は100万ドルで、左側は実金額、右側は1996年ベースに修正済のものである。

単位：100万ドル

	公共部門		民間部門	
	実金額	1996年ベース	実金額	1996年ベース
1960	34	228	6	40
1965	47	262	9	50
1969	60	268	22	98

出典：Fernandez-Corejo, "Seed Industry in the U.S.", USDA-ERS, 2004年1月　より作成。

実金額でも修正金額でも圧倒的に公共部門が多いが、1960年代後半に民間部門の調査研究費が大きく伸びていることがわかる。もちろん、これらの数字はすべての作物種子の開発などに費やした費用であるため、トウモロコシのハイブリッド種子の普及といった一点のみと民間部門の調査研究費の伸びをそのまま結びつけるのは危険である。それでも、企業経営という視点からこれを見ればハイブリッド種子をはじめとした商業用種子のマーケットが拡大し、安定的売上げが見込めるようになった段階、すなわち1960年代後半以降になってようやく、企業側としても将来の利益のために資金の一定額を調査研究の形で本格的に活用できるようになったのではないかということが推測できる。

4. 1970年代：種子業界の再編

　1960年代までがハイブリッド種子普及の時代とすれば、1970年代は1970年のPVPA（植物種保護法：Plant Variety Protection Act）を契機とした種子業界の第一次再編の時代と言えるかもしれない。個別の地域に根づき、独自の品種を開発して地元の農家と密接な関係を保っていた小規模な種子会社・種子業者が、資本力のある大企業に次つぎと買収・統合されていった時代である。

　企業経営、そして企業戦略の視点で見た場合の関心は、どのような企業がこうした小規模な種子企業を買収したのかという点である。第一の候補は当然、同業他社のなかで、より力と資本力があり、将来の成長に関する戦略が明確な企業であるが、ほかにはどのような企業が種子会社の買収に目をつけたのであろうか。

　たとえば、①豊富な余裕資金を持っている企業、あるいは種子に対する法的保護、端的に言えば特許がますます重要性を帯びてくるにつれ、②知的所有権とその保護方法についておおくのノウハウを持っている企業、そして、③みずからビジネスを行っている分野がすでに成熟し、将来なんらかの利益が見込める分野や投資先を積極的に模索している企業、などが考えられよう。

　この当時、①と②に属する企業としては製薬業界の各社、①と③、場合によっては②という特徴を持っているのは石油化学業界が代表であった。これらの業界では、いずれも主要企業は「規模の経済」を追求可能な多国籍企業が占めていた。Lesserが引用しているLeibenluftの研究によれば、1970年代には50社を超える種子企業が石油化学や食品企業に買収されたという。[14] そして、その後の度重なる買収・合併・社名変更などにより、余程の業界通でなければもともとの会社名を思いだすことも

14　前掲拙訳、13ページ。Lessorの原文はLessor, W. "Intellectual Property Rights and Concentration in Agricultural Biotechnology". AgBioForum 1（2）（Fall 1998）56-51ページ。アドレスはhttp://www.agbioforum.missouri.edu/v1n2/v1n2a03-lesser.pdf　2006年8月22日アクセス。

むずかしいようなチバ・ガイギー、サンド、ロイヤル・ダッチ・シェルといった多国籍企業が、種子業界の主要なプレーヤーとして業界に参入したのも1970年代から1980年代初頭である。

ちなみに、1983年当時、世界の種子マーケットで最大の売上高を誇っていた企業は、石油で一時代を成したロイヤル・ダッチ・シェル社（インフレ修正後の現在価値で売上高約6.5億ドル）、第二位がパイオニア・ハイブリッド社（同5.6億ドル）、第三位がサンド社（同3.2億ドル）となっている。[15]

5. 1980年代：種子開発における先行投資としてのバイオテクノロジー

世界的な多国籍企業が種子業界に参入して小規模種子会社を買収し、業界を再編した1970年代を第一次再編期とすれば、1980年代は第二次再編の時期である。第一次再編を促進したドライバーが「知的所有権」と「規模の経済」であるとすれば、第二次再編を促進したドライバーは「バイオテクノロジー」である。より厳密に言えば、バイオテクノロジーをもちいた作物、たとえば遺伝子組換え作物の商業化がアメリカで認められたのは1996年以降であるため、この時期はむしろ、一般的には海のものとも山のものともわからなかったバイオテクノロジーへの多大な先行投資の時期であったと言えよう。

それでも、将来の商品化と莫大な潜在マーケットをにらみ、主要なプレーヤーは徹底的に調査研究に資金を投下していった。そして、これは将来のリターンに対する先行投資である以上、やはり最終的には資金力がモノを言うことになる。それゆえにこそ、多国籍企業が力を振るったのである。

この段階になると、かつて公共部門がほとんど独占的に実施してきた新品種の開発という仕事のかなりの部分が民間企業にもシフトしてくる。ここで、先に紹介し

---

15 前掲拙訳、14ページ。

た 1960 年代以降の育種関係の調査研究費に関する公共部門と民間部門の対比表を 1990 年まで延長してみたのが次の表である。

単位：億ドル

	公共部門		民間部門	
	実金額	1996年ベース	実金額	1996年ベース
1960	34	228	6	40
1965	47	262	9	50
1970	56	232	26	107
1975	85	254	50	151
1980	144	316	97	214
1985	198	314	179	284
1987	222	315	222	316
1990	264	325	314	387

　一見してわかるとおり、分岐点は1987年で、この年を境に民間部門の金額が公共部門の金額を上回っている。そしてこの傾向は現在でも継続している。これが、現代の種子産業を長期的スパンで見た場合の最大の特徴のひとつであろう。1960年から1990年までの30年間で、民間部門における金額の伸びがいかに大きいかという点に注目していただきたい。実金額ベースで公共部門7.7倍にたいし、民間部門は52倍、インフレ修正後で比較しても公共部門1.4倍にたいし、民間部門は9.7倍になっている。民間部門におけるバイオテクノロジーへの投資は、これだけの規模でおこなわれたのである。

6. 植物保護法と知的財産権の種子業界への影響

　さて、育種に関する研究資金が、公共部門から民間部門へとシフトしていったという大きな流れと平行して理解しておかなければならないポイントは、「種子に関する意識の変化」である。具体的に言えば、「ビジネスのもと」としての種子とその権利の保護、つまり種子をめぐる権利意識の変化を理解しておく必要がある。実

のところ種子の世界は「法律」ときわめて深い関係にあるが、以下、種子マーケットとシェアという点に絞り簡単に記述する。

　種子に関する問題を調査しはじめると、PPA、PVPA、そして UP という三つの法律の略語にすぐに直面する。第一の PPA であるが、これは 1930 年に成立した植物特許法である。正式名称は Plant Protection Act という。第二に PVPA。これは 1970 年に成立した植物種保護法で、正式名称は、Plant Variety Protection Act という。そして、第三に UP。これは通常の特許法における実用特許（Utility Patent）を示している。PPA および PVPA と特許法の大きな違いは、前者が有性生殖（sexual）で繁殖する植物を保護するのにたいし、特許法は無性生殖（asexual）で繁殖する植物を保護する点にある。しかしながら、おおくの植物は両方で繁殖できるため、種子に関する特許訴訟の歴史を見ると、これが法律上の大きな争点を引き起こしてきたことがわかる。

　さて、種子ビジネスの視点から見た場合、1970 年の PVPA およびその後の同法の改正・修正は、種子の世界に大きな意識変化をもたらしている。簡単に言えば、それまで所有権というものは工場や施設・土地、あるいは種子という物体にしかおよばなかったと理解していた種子企業と種子業界にとって、自社が独自に開発した種子の権利をどのように保護あるいは確保するかという大きな問題を突きつけたのである。つまり、育種の職人あるいは技術者が見つけた「将来の資金源」である新しい種子（＝権利）を、しっかりと法的に確保できる者はどのような人や組織なのかという問題である。ここで登場するのは、やはりそれなりの資金と体制を備えた大企業ということになる。

7. 買収・合併・再編を通じた種子ビジネスの競争力強化

　「規模の経済」の追求と、バイオテクノロジーが生みだす将来利益を想定し、急速に増大する調査研究費（＝投資）をどこまで調達できるか。そして、同時に短期的にも長期的にも株価を上げ、株主からの期待にも応えなければならない。おそら

く、1980年代前半、種子部門を抱えるおおくの多国籍企業の経営者が直面した問題のひとつはこのようなものであったことが考えられる。

さて、実際には1983年時点で種子売上高世界一を誇っていたロイヤル・ダッチ・シェル社は、1989年には種子部門を売却している。そしてこのほかにも製薬関係、石油化学関係の多国籍企業のおおくが1980年代には種子部門を手放している。

当時、種子ビジネスの将来は、(先の見えないと思われていた)バイオテクノロジーにいかに投資できるかにかかっており、毎年莫大な先行投資が求められていた。そして、種子ビジネスだけでなく、多様な事業をおこなう企業全体として「自社のもっとも重要な競争力の源泉はなにか」ということをつきつめた場合、やはりロイヤル・ダッチ・シェル社やオクシデンタル石油社が種子ビジネスを売却したのは当然の結果かもしれない。

ただし、我々はこうした企業が種子ビジネスにおいて脚光を浴びていた時代がたしかに存在したことを記憶しておく必要がある。コア・ビジネスに対する特化と集中が競争戦略の主流のひとつである現在の環境下では、結果を知っている者の後知恵としての利点も加わり簡単な解説をすることは容易であるが、異なる時代環境のもとでは現在の常識とは異なる戦略でマーケットを席巻できたこともまた事実だからである。

アメリカ農務省の資料によれば、1983年当時世界の種子マーケットをリードしていた14社のうち、1989年にもその地位を保っていたのは半分の7社にすぎない。まさにわずか10年でエクセレント・カンパニーの交代がおこなわれたことになる。[16]

こうした変化を経て、種子業界の新しい主役は、パイオニア・ハイブリッド社、サンド社、アズグロー社、デカルブ社といった、ようやく我々にも聞きなれた会

---

16 前掲拙訳、15ページ。

社になっていく。ただし、パイオニア社がデュポン社に買収され、サンド社がチバ・ガイギー社と合併してノヴァルティス社となり、さらにノヴァルティス社がアストラ・ゼネカ社と合併してシンジェンタ社となり、あるいはデカルブ社やアズグロー社、そしてセミニス社がモンサント社に買収されていくのはまだまだ後の話である。

　なお、この時代に種子会社同士の合併・再編が盛んにおこなわれた背景として、もうひとつ記憶しておいた方が良い点は、たんなる調査研究費の増加だけでなく、特許を所有している企業からのライセンス料が高くなり、これを支払うよりは、特許を持っている企業を豊富な資金によりそのまま買収してしまう方が効率的といった風潮があったことも否定できないであろう。実のところ、この傾向は種子業界では1990年代にふたたび現れることとなる。

第2節
主要品目別に見た種子業界の集中状況の推移と特徴

　次に、主要な穀物の種子を品目別に検討してみよう。

1．トウモロコシ種子市場の特徴

　1930年代にビジネスを行っていた200社弱の種子企業のうち、1990年代になってもなんらかの形でビジネスを継続している企業数は100社以上にもなるという。[17] もちろ

17　前掲拙訳、26ページ。

ん、企業間で合併や買収が繰り返されていることは言うまでもない。以下、主要種子会社のトウモロコシ種子マーケットにおけるシェア（％）の推移を簡単に紹介する。

アメリカのトウモロコシ種子のシェア（％）	1980	1990	1995	1998
Pioneer/Dupont	36.9	33.4	45.0	39.0
Monsanto				15.0
DeKalb	13.0	9.0	9.8	11.0
Asgrow				4.0
Funk/Ciba/Novartis	5.7			
Trojan	2.0			
Dow Agro/Mycogen				4.0
Northrup-King/Sandoz	4.9	3.5	4.1	9.0
ICI/Zeneca/Advanta				3.0
Cargill/PAG	4.7	3.0	4.0	4.0
Golden Harvest	1.3	2.0	3.3	3.0
Others	31.5	41.7	28.4	23.0

注：Novartis社とSandoz社は2000年に合併してSyngenta社となっている。
出典：Fernandez-Corejo, "Seed Industry in the U.S.", USDA-ERS, 2004年1月　より作成。

　パイオニア・ハイブリッド社は、1999年にデュポン社に買収された後、そのブランドを保持したままアイオワ州デモインの旧パイオニア本社をベースにデュポン社の一部門として活動を行っている。トウモロコシの種子に関しては、圧倒的なシェアを持っているナンバーワン企業である。

　デカルブ社は、1982年にファイザー社と一緒になったが、1997年にはモンサント社に買収され、今やモンサント社の一部門となっている。モンサント社は同じ1997年に、もうひとつの有力ブランドであるアズグロー社（1968年設立）を傘下に収めている。かつて、我われが中西部の畑を訪問するたびに見た両社の宣伝の強弱は両社の地域ごとの浸透度をそれなりに表していたが、今や代表的ブランドがふたつともモンサント社のものとなり、やや感じ方も変わることとなった。

第2節　主要品目別に見た種子業界の集中状況の推移と特徴

　1974年設立と歴史の古いファンク社は後にチバ・ガイギー社に買収されたが、1996年には親会社のチバ・ガイギー社そのものがサンド社と合併し、ノヴァルティス・シード社を設立した。さらにノヴァルティス・シード社とアストラ・ゼネカ社(これも元はスウェーデンのアストラ社とイギリスのゼネカ社が一緒になったもの)が合併して2000年にはシンジェンタ社となり現在に至っている。ノースロップ・キング社は、1976年にサンド社に吸収され、その後は、ノヴァルティスからシンジェンタという流れになる。

　PAG社は、1971年にカーギル社に買収されたが、1998年にはアグレボ社がカーギル社の国内種子部門を買収している。イギリスのICIは1993年に分割して一部が製薬中心のゼネカになり、種子ビジネスもゼネカ・シーズ社として実施していたが、その後、ゼネカはアドヴァンタ・シード・グループの一部になっている。以上の流れは業界に関係していない人間にはきわめて混乱しているように思われるが、各々の企業が各々の時点で最適な資本、技術、マーケットの支配力といったものを追求した結果であろう。

2. HHIの試算から見た現代のトウモロコシ種子市場の寡占度

　1998年時点でみた場合、トウモロコシの種子マーケットの約3分の2が、①デュポン(パイオニア)、②モンサント(デカルブおよびアズクロー)、③シンジェンタ、④アグレボ、⑤アドヴァンタ、といった上位の数社によって占められていることは先に示したとおりである。上位4社の市場シェアは、1998年時点で、39%、15%、9%、4%であり、単純に合計すれば4社集中度指数(CR4：Concentration Ratio 4)は67%になる。

　さて、市場集中度を測定する際には、HHI(ハーフィンダール・ハーシュマン指数：Herfindahl-Hershman Index)というものがよくもちいられる。簡単に言えば、これは特定の品目、特定の市場における各社のシェアの二乗の合計である。たとえ

ば、ある特定の市場で活動している企業がA社1社であり、シェア100％のシェアの場合には、HHIは100 X 100 ＝ 10,000ということになる。この市場の参加者が10社であり、各々が10％のシェアを持っている場合には、以下のとおりとなる。

HHI ＝ $10^2 + 10^2 + 10^2 + 10^2 + 10^2 + 10^2 + 10^2 + 10^2 + 10^2 + 10^2$ ＝ 1,000

ここで、あくまでもひとつの試算だが、トウモロコシの種子マーケットのHHIをいろいろと試算してみよう。とりあえず、ほぼ実態どおりに先の4社に加え、5位～7位のシェアを各々3％、3％、3％とし、残りをその他として23％とする。これにもとづいて計算すると、以下のとおりとなる。

HHI ＝ $39^2 + 15^2 + 9^2 + 4^2 + 3^2 + 4^2 + 3^2 + 23^2$ ＝ 2,406

さて、まったくの仮定だが、あるとき大規模な企業再編が起こったとしよう。たとえば、シェア1位のデュポン社が3位のシンジェンタ社と提携し、これに対抗するために2位のモンサント社が4位から6位の小規模企業（シェアは4％、3％、4％）を買収したとする。この場合、新たなシェアは、上から、48％、26％、3％、23％となる。HHIを計算すると3,518、つまり一気に1,112も増加したことになる。

一般に、HHIの水準が1,000未満であれば安全圏、合併後で1,800超となれば市場集中により当該合併・買収などは規制対象とする可能性が高いと理解されている。このため、ここで試算したような動きは、たとえ個別企業の戦略上の動きとしては実施したい内容であっても、競争政策上の懸念により当局から待ったがかかる可能性があるということを考慮しておかねばならない。つまり、経営者としては、買収結果にともなう集中度と競争環境の変化は企業の戦略を実行する上で当然考慮しておくべき要素ということになる。

たとえば、市場シェアが40％、40％、15％、5％といった形の4社で競争してい

る市場の場合、HHI はすでにかなりの水準であるため、わずかなシェアしか占めていない小規模企業の買収にも相当神経を使う、あるいは不可能となる可能性があるということになる。企業再編が進展し、プレーヤーの数が限られてくるほどにこの問題は重くなる。ちなみに、日本では公正取引委員会のホームページにおいて、累積生産・出荷集中度という形でかなりのデータが公表されている。[18]

3. 大豆種子市場の特徴

　トウモロコシと異なり、大豆の種子の場合、さまざまな意味で過去 20 年間にきわめて大きな変化を経験した品目である。ここでは、まずふたつの点を抑えておきたい。

　第一に、現在のアメリカにおいて大豆は遺伝子組換え品種としてもっとも普及した作物という事実である。2006 年 6 月 30 日にアメリカ農務省が発表した最新の作付調査によれば、すでにアメリカにおける大豆の 89％が遺伝子組換え品種となっている。大豆業界で伝統的にその高品質が評価される「IOM 大豆」、つまりインディアナ、オハイオ、ミシガンの各州における遺伝子組換え品種の作付率は、各々 92％、82％、81％である。[19] 遺伝子組換え作物の普及とその是非をめぐる議論に関する詳細は後述するが、事実として「アメリカの大豆作付面積の約 9 割が GMO である」ということは知っておきたい。これは、少なくとも今までのところ、いわゆる第一世代の遺伝子組換え作物としては典型的なサクセス・ストーリーでもある。

　第二に、これに伴い大豆については急速に競争環境が変わりつつあることを押さえておく必要がある。とくにアメリカの農業関連産業においては、もはや遺伝子組換え（GMO）か非遺伝子組換え（Non-GMO）かという段階から、「遺伝子組換え

18　公正取引委員会ウェブサイトのうち、累積生産・出荷集中度データ。アドレスは　http://www.jftc.go.jp/ruiseki/ruisekidate.htm　2006 年 9 月 27 日アクセス。
19　"Acreage", USDA-NASS, 2006, 25 ページ。アドレスは　http://usda.mannlib.cornell.edu/usda/nass/Acre/2000s/2006/Acre-06-30-2006.pdf　2006 年 8 月 11 日アクセス。ちなみに、これらの大豆はすべて除草剤耐性品種である。

はすでにほぼ既成事実化し、その上でいかなる機能や価値が付加されているか」という議論に焦点がシフトしてきている印象が強い。これは、生産者や関連流津業者、農業関連産業や政府関係者と話していても如実に感じる点である。悪く言えば、「まだ、GMO か Non-GMO かの議論をしているのか？」といったニュアンスが強く、「我われはもっと先を走っている……」との印象すら受けるときもある。現実に作付面積の9割が遺伝子組換え大豆である以上、すでに競争のステージは第二段階、つまりユーザーにとってメリットのある作物をいかにつくるかという段階へと移ってきているのである。具体的内容については後述するが、青々と成長した大豆畑の生育状況を見て、今年の作柄が良いとか悪いとか言っている段階に留まっているだけでは、種子の世界で熾烈化している競争の実態が確実にわからなくなりつつあることはまちがいない。表面上は同じに見えても、農場でつくられている作物とそれに伴う流通、なによりも「付加されている価値」が確実に一昔前とは異なってきている。

　ここで押さえておきたい点は、EU や日本、そして数おおくの発展途上国がすべてアメリカと同じ感度で遺伝子組換え作物（大豆）を容認している訳ではないことと、世界各国で遺伝子組換え作物に対するおおくの批判的な研究が出されているという点である。とくに、急速に遺伝子組換え大豆の生産が拡大したブラジルを中心とする南米における遺伝子組換え大豆を、その普及の早さと測定不可能な環境や将来への影響を含めて「ラテンアメリカの新たな植民者（Latin America's New Colonizer）」と呼び、森林破壊、土壌劣化、小農民の廃業、モノカルチャーによる多様性の減退といった多面的な影響を懸念する研究すら出てきていることを踏まえておく必要がある。[20]

　さらに、技術面や環境面からの懸念とあわせ、目の前の消費者の行動や短期的な利益のみを意識した個別企業や、とにかく自分の農産物の差別化を最優先化したい産地

20　たとえば、Altieli & Pengue, "GM soybean: Latin America's new colonizer", Seedling, Jan.2006, アドレスは　http://www.grain.org/seedling_files/seed-06-01-3.pdf　2006年8月22日アクセス。

第 2 節　主要品目別に見た種子業界の集中状況の推移と特徴

が、環境への潜在的な悪影響の可能性といったことよりも、まずはみずからのブランドを保つというマーケティングの視点から非遺伝子組換え（Non-GMO）を意識的に活用している可能性もあるということを押さえておく必要があろう。ただし、この点はきわめて区別が困難なところであり断定はむずかしい。おおくの当事者は両方とも重要と考えているケースが多いとは思うが、ではどの程度までかという程度の問題になると、判断基準が個別に異なるからである。このような状況になると国家レベルで○か×をつけるといった段階から、国家レベルではとりあえず総論として承認し、個別の自治体や産地で独自規制をおこなうという形が急速に現れてくることになる。[21]

さて、それでは大豆種子の開発元を見てみよう。[22]

アメリカの大豆種子のシェア%	1980	1988	1998
公共部門	70.2	30.5	10.0
イリノイ大学	20.5	NA	NA
ミシシッピー AES	16.6	NA	NA
アイオワ州立大学	8.4	NA	NA
フロリダ大学	6.2	NA	NA
その他	18.5	NA	NA
民間部門	29.8	69.5	90
Asgrow	1.8	14.9	16.0
Pioneer	1.4	13.7	17.0
DeKalb	0.0	5.5	8.0
Monsanto	0.0	3.4	24.0
その他	26.6	32.0	49.0

注：1998 年の DeKalb および Asgrow はいずれも Monsanto 社の内数。

21　わが国はこのパターンになる。朝日新聞 8 月 19 日付の記事によれば、10 都道府県が条例・ガイドラインなどの独自規制を行っているという。外国のケースではオーストラリアなども連邦政府が承認、州政府で慎重な動きを取るなど同様な状況となっている。
22　前掲拙訳、29-31 ページ。

出典：Fernandez-Corejo, "Seed Industry in the U.S.", USDA-ERS, 2004年1月、より作成。

1980年時点において、アメリカで植えられていた大豆種子の約7割が公共部門により開発されたものであった。たとえば、この年にアメリカで作付された大豆種子の開発元は、大学を含む公共部門約70％、民間部門22％となっている。全体のなかで最大のシェアを誇っていたのはイリノイ大学で21％、ミシシッピーのAES（Agricultural Experimental Station）が第2位で17％、以下、アイオワ州立大学8％、フロリダ大学6％と、この段階までで全体の過半数を占めている。

これが1988年になると、かつて7割を占めていた公共部門は3割に低下し、民間部門が代わりを占めてくる。アズグローが15％、パイオニアが14％、デカルブ6％、モンサント3％と、これらの企業4社だけで全体の4割近くが占められている。つまり上位4社の市場集中度が約4割になったということである。

さらにこれが10年後の1998年になると、1位はモンサント社24％（このうち、アズグロー16％、デカルブ8％）、2位はデュポン（パイオニア）17％、3位はノヴァルティス5％、4位はスタイン4％と、上位4社の合計シェアは50％となっている。そして、言うまでもなく、1996年以降急速に拡大した遺伝子組換え品種、いわゆるラウンドアップ・レディー大豆を開発したのはシェア1位のモンサント社である。

4. 既存品種改良技術と遺伝子組換え技術の融合による付加価値の創出——モンサント社のVISTIVEの事例

ここで、先ほど言及した大豆種子をめぐる競争の新たな展開について若干補足しておきたい。この本の冒頭で述べた「企業の動きを通じて社会を見る」ための格好の事例をモンサント社が提供してくれているからである。

モンサント社が2005年のシーズンから商業化した商品にVISTIVEという品種がある。これは「低リノレン酸大豆」である。通常、食品の日持ちや風味を良くす

るため、植物油・マーガリン・クッキーなどの製造過程では水素添加（hydrogenation）というプロセスにより液状の不飽和脂肪酸を飽和脂肪酸に変えて固定させている。そして、この過程でトランス脂肪酸（Trans Fat Acid、あるいは異性脂肪酸とも呼ばれる）が発生する。

　一般に、このトランス脂肪酸は健康診断で馴染みの深い善玉コレステロール（HDL）を減少させ、悪玉コレステロール（LDL）の血中濃度を高めるため、我われにとってはもちろん有難くない存在である。心臓病に対する国民的な関心の高さという状況を踏まえたアメリカ食品医薬庁（FDA）は、2006年1月1日からは食品ラベルにおけるトランス脂肪酸の表示を義務づけている。

　さて、通常の大豆のリノレン酸含有量は約8％であるが、モンサント社の新製品 VISTIVE は3％未満と言われている。これはなにを意味するか。つまり、食品の製造過程から見た場合、トランス脂肪酸を発生させる水素添加というプロセス自体が大幅に減少あるいは変わる可能性が出てくることになる。

　当然、健康への関心が深い消費者をターゲットとしている食品企業はこれを歓迎し、モンサント社も特別な契約生産プログラムを準備した上で、直接顧客である食品企業に原材料として供給する戦略を打ち立てた。もちろん、この VISTIVE 自体は遺伝子組換えの技術で開発されたものではなく通常の育種技術をもちいて開発した形質であるが、モンサント社は、この形質とともに同社が開発し、すでに広範囲に普及した遺伝子組換え品種であるラウンドアップ・レディー大豆の形質をセットで売りだすという戦略を採用した。

　私が VISTIVE のことを知ったのは2004年の秋であり、モンサント社は2005年のシーズンから VISTIVE を契約生産の対象種子として売りだそうとしていた。[23]

23　モンサント社が VISTIVE の導入を発表したのは2004年9月1日付のプレスリリース「Monsanto Launches VISTIVE ™ Soybeans; Will Provide a Trans Fats Solution for the Food Industry」

当時、この商品に関して将来性を問い質したところ、おおくの業界関係者はそれなりに評価するものの、先はまったく不透明といった感が強かったことをよく覚えている。それでも、早くも発表1か月後の10月にはカーギル社が、翌2005年にはアイオワ州の生産者と5万エーカーのVISTIVE生産契約を結ぶ意向があることを発表している。[24]

2005年シーズンにおいてモンサント社は、有力ブランドであるアズグロー（Asgrow）の中から2品種をこのVISTIVE対応として発売した。VISTIVEの2005年の作付面積は、最終的にアイオワ州を中心に約10万エーカーの契約栽培であったと言われている。それなりに効果はあったものの、まだまだ全体のなかでは小規模であった。

ところが、2005年8月以降、食品業界の意向を察知した企業や生産者団体が続々とVISTIVEへ目を向けたのである。この時期以降の動きについては、モンサント社のホームページで公表されたプレスリリースをベースに時系列で流れを追ってみよう。

2005年8月9日、フォーチューン200にも登場する今やアメリカでも最大の農協系企業であるCHS, Incが、ミネソタ州フェアモントの同社工場でVISTIVE大豆を使用するためモンサント社と提携する旨を発表した。9月22日には協同組合系では世界最大の大豆搾油業者であるAg Processing Inc.が2006年シーズンからアイオワで最大15万エーカーまでのVISTIVE大豆を契約生産により取りあつかうとの意向を表明した。10月6日には2005年シーズンからVISTIVE大豆の加工に参加していたカーギル社が、やはりアイオワ州の3工場（デモイン、アイオワ・

である。アドレスは　http://www.monsanto.com/monsanto/layout/media/04/09-01-04.asp　2006年9月25日アクセス。

24　モンサント社プレスリリース「Cargill To Process Monsanto's VISTIVE™ Low Linolenic Soybeans」2004年10月4日。アドレスは　http://www.monsanto.com/monsanto/layout/media/04/10-04-04.asp　2006年9月27日アクセス。

フォールズ、シダー・ラピッド）で合計最大 15 万エーカーまでの取りあつかいを継続する旨を発表している。

そして、2006 年 1 月 12 日、今度は ADM 社がインディアナ州フランクフォートの同社工場で最高 4 万エーカー相当の VISTIVE の取りあつかいに参加する旨を表明した。2 月 1 日、カーギル社はインディアナ州ラファエットの工場を VISTIVE 大豆の搾油用に拡張する旨を発表した。ラファエット工場での取りあつかいは最大 1 万エーカー相当と言われている。なお、この段階になると、当初 3 工場と言っていたアイオワ州でもスー・フォールズの工場が加わり、インディアナ州ラファエットと合わせ、カーギル社の VISTIVE 大豆搾油は少なくとも合計 5 工場となっていることがわかる。そして、2 月 6 日には、ミネソタ州近辺の大豆生産者農協であるミネソタ大豆生産者農協が 2006 年シーズンにはメンバー農家が散在するミネソタ州、アイオワ州北西部、サウス・ダコタ州南東部で最大 5 万エーカーまでの取りあつかいを希望する旨を発表した。

さらに 2006 年 8 月、生鮮チキンではアメリカ東部で最高の知名度を誇り売上高でも業界 3 位のパーデュー社が、2007 年シーズンから同社の穀物・油脂部門においてメリーランド州セーリスベリーの同社工場で VISTIVE を加工する旨を発表した。パーデュー・チキンのブランドはアメリカ国内ではきわめて強いが、その同社がメリーランド州およびデラウェア州の生産農家を通じ最大 3 万エーカーまでの VISTIVE 大豆の契約生産をおこなう旨を発表したのである。[25]

また、2006 年 10 月 30 日には、ケンタッキー・フライド・チキン（KFC Corporation）が、過去 2 年間にわたる試験を経て、2007 年 4 月までに全米 5,500 の店舗においてすべてトランス脂肪酸ゼロの植物油を使用する方針であることを表

---

25 以上のプレスリリースを含め 2000 年以降のすべてのプレスリリースは、2006 年 9 月 27 日時点で、モンサント社のウェブサイトで確認が可能である。アドレスは http://www.monsanto.com/monsanto/layout/media/04/default.asp。

明した。これは、低リノレン酸大豆をもとにした植物油を使用しても同社の製品の風味を損なわずに消費者に同じ製品を提供できることが確認できたからであるという。[26]

　これまでの流れを整理してみよう。第一にモンサント社による低リノレン産大豆の技術開発と初期生産。これは2005年に10万エーカーであった。2005年シーズンの手応えを見た2006年シーズンには、CHS, Inc、カーギル社、Ag Processing社、ADM社、ミネソタ大豆生産者農協といった企業が続々と新規あるいは継続の名乗りを上げた。そして、家禽生産企業としても最有力な企業のひとつであるパーデュー社までがVISTIVEの取りあつかいを表明している。

　さらに、KFCのような食品企業の大手が正式にトランス脂肪酸ゼロの植物油を使用する方向を明確に打ちだした以上、競争相手も同様の方針を確実に踏襲していくものと思われる。一般消費者はトランス脂肪酸がゼロという点にのみ注意が行くかもしれないが、これはモンサント社のVISTIVE大豆から搾った油であるということ、そしてこのような商品がどのような過程を経て消費者に届けられているのかについて、利便性の背景を理解しておくことは商品を理解する上できわめて重要であると思われる。

　たとえば、パーデュー社の場合には、大豆農家は契約生産でVISTIVEを育て、同社は通常の大豆に一定のプレミアムを加えた価格で農家からVISTIVE大豆を購入する。そして、購入したVISTIVE大豆を自社工場で搾油し、食品企業に油として販売する。同社の場合には大豆搾油粕は自社の家禽用飼料として活用するのであろう。生産農家はモンサント社と契約して種子を購入し、一方でカーギル社やパーデュー社のような流通・加工業者とも契約することになる。そして、VISTIVE大

26　KFC社プレスリリース　アドレスは　http://www.kfc.com/about/pressreleases/103006.asp　2006年11月22日アクセス。なお、KFCが使用する低リノレン酸大豆は、モンサント社の製品ではなく、パイオニア・ハイブリッド社のものである。ただし、KFCの発表により低リノレン酸大豆の需要が一段と明確になったことはまちがいない。

豆は通常いわゆる IP（Identity Preserved）品目として完全に分別生産流通管理が
おこなわれる。ちなみにアメリカ大豆協会の資料によれば、2005 年にミシガン州
の Zeeland Mills 社が VISTIVE 大豆にたいして支払ったプレミアムは 1 ブッシェ
ルあたり 35 セントであったという。[27]

　なお、モンサント社は 2006 年 9 月 15 日のプレスリリースで VISTIVE をめぐる
これまでの動きを簡単にまとめた内容と 2007 年シーズンに対する見通しを発表し
ている。そこでは VISTIVE の契約生産面積として、2005 年 10 万エーカー、2006
年 50 万エーカーにたいし、2007 年の見通しは 150-200 万エーカーという数字が示
されている。適用ブランドも当初の AsGrow だけでなく、2006 年には 13 ブラン
ド、2007 年には 28 ブランドに増加し生産州も全米 10 州（2007 年の新規生産州は
オハイオ、デラウェア、メリーランド、ヴァージニア）に拡大すること、搾油は 8
社 14 工場でおこない、VISTIVE 生産のプレミアムも 2006 年の実績を踏まえてブッ
シェルあたり 45 セント程度が見込まれている内容が示されている。[28]

5. 綿花種子市場とターミネーター技術

　日本ではあまり馴染みがないが、主要作物のひとつとしてアメリカではきわめ
て重要な位置づけにある綿花について同様に見てみると、1980 年時点では大豆と
まったく逆で公共部門 20％、民間部門 80％となっている点が非常に興味ぶかい。
1980 年当時のシェア 1 位はストーンビル社 15％、2 位はデルタ＆パイン・ランド
社 14％であったが、1990 年になると 1 位はデルタ＆パイン・ランド社 38％、2 位

27　アメリカ大豆協会ホームページ「品質レポート」の項より。アドレスは　http://www.
　　asajapan.org/food/quality/04.html　2006 年 8 月 11 日アクセス。
28　モンサント社プレスリリース「Vistive ™ Soybeans Expanding In 2007 To Meet Growing
　　Consumer Demand For Healthier Diets」2006 年 9 月 15 日。アドレスは　http://www.
　　monsanto.com/monsanto/layout/media/06/09-15-06.asp　2006 年 9 月 25 日アクセス。なお、
　　ここでいう 8 社とは、ADM、AGP、Cargill、CHS、Mercer Landmark、Minnesota Soybean
　　Processors、Perdue Incorporated、Zeeland Farm Services, Inc. である。

はペイマスター社16％、3位はストーンビル社7％になり、さらに1998年には1位デルタ＆パイン・ランド社76％、2位ストーンビル社13％と、上位2社で全体の89％を占めるまでに寡占化している。

デルタ＆パイン・ランド社は1994年にペイマスター社を買収したばかりでなく、その後も他社を買収し、1999年には綿花種子のマーケットにおける絶対的なポジションを築いている。これにたいし、モンサント社は、1997年にストーンビル社の親会社であるカルジーン社を買収して傘下に収めたが、1999年にはふたたびストーンビル社のみを売却した。さらに1998年から1999年にかけてデルタ＆パイン・ランド社を買収しようとしたが、こちらは不成功に終わった。この理由はアメリカ農務省とともにターミネーター技術の特許を所有するデルタ＆パイン・ランド社をモンサント社が買収することに伴う影響と、ターミネーター技術の独占・商業化に対する世論の集中砲火を浴びたことによることが大きい。

ターミネーター技術とは、簡単に言えば遺伝子組換えにより作物が第二世代ではみずからの種子を殺す機能を持つことを可能にするものである。[29] 通常のハイブリッド種子の場合には、第一世代の遺伝子は、第一世代より機能は落ちるものの第二世代の種子のなかでも多少は生きてはいるが、ターミネーター技術をもちいた場合、次世代の種子の遺伝子はすべて殺されることになる。この技術をもちいた場合、遺伝子組換え品種が想定されていない状況で環境中に放出される（たとえば、こぼれ落ちる）ことなどを防ぐことができるという可能性がある一方で、現在、発展途上国を中心に約14億人とも言われる種子の自家保存を行っている農家は、毎年商業用種子を買わされることになるだけでなく、生物多様性といった視点からも問題が指摘されている。1998年から1999年にかけてのモンサント社によるデルタ＆パ

---

29 正式名称は、Genetic Use Restriction Technology（GURTS）というが、一般にはRAFI（Rural Advancement Foundation International）によって最初に名づけられた"Terminator Technology"として知られている。GURTSと総称されているが、実際には品目種子の不稔に関係したV-GURTS（variety-related）と、殺虫剤や除草剤といった特定形質に関係したT-GURTS（trait-related）の2種類が存在する。

第2節　主要品目別に見た種子業界の集中状況の推移と特徴

イン・ランド社の買収が不成功に終わった背景にはこうした状況が存在していた。

　この結果、モンサント社は1999年10月、当時のCEO（最高経営責任者）であるロバート・シャピーロが、ロックフェラー基金への公開書簡という形で「(ターミネーター技術）として知られている不稔種子技術の商業化はおこなわない（……we are making a public commitment not to commercialize sterile seed technologies, such as the one dubbed "Terminator".）ことを誓約した。国際的な影響を懸念した上で、2000年には国連生物多様性条約（CBD）においても事実上のモラトリアムが採択されている。その後も先進国・発展途上国を問わず各国からの懸念や反対運動などが継続する中、2006年3月にブラジルのクリチーバで開催された第8回国連生物多様性条約会議でも、ケース・バイ・ケースのリスク評価を主張するオーストラリア、カナダ、ニュージーランド政府の見解を押さえ、ターミネーター技術に関するモラトリアムが再確認されている。

　さらに、ブラジルやインドにおいてはこの技術を禁止する法律まで制定され、実質的な規制は各国レベルにシフトしてきている。こうしたなかでデルタ＆パイン・ランド社は2006年5月に、シンジェンタ社の綿花部門を買収したが、これにより、インド、ブラジル、そしてヨーロッパにおける事業展開が一層強化されることとなった。

　さて、モンサント社は2005年4月にはアメリカの綿花業界第三位のエマージェント・ジェネティクス社を買収した。この会社の傘下にはかつて1997年に一旦買収し1999年に売却したストーンビル社が含まれている。また、1999年以降はみずからの「誓約」の達成状況ともいえる自己評価を公表しているが、2005年度の種子に関する内容では、「……Monsanto made a commitment not to commercialize sterile-seed technologies in food crops.」という表現が新たに登場した。一読してわかるとおり、1999年時点の「誓約」には「in food crops」という言葉は含まれていない。これがターミネーター技術の反対論者を中心に新たな疑念を呼び起こすこ

ととなった。[30]

　さらに、2006年8月15日、モンサント社はデルタ＆パイン・ランド社を15億ドルで買収することに両者が合意した旨を発表した。[31] この買収が正式に成立した場合、アメリカの綿花種子市場におけるモンサント社のシェアは一気に57％近くに跳ね上がることとなる。ちなみに、2006年6月30日のアメリカ農務省発表によれば、2006年度は全米の綿花作付面積のうち83％が遺伝子組換え品種であり、カリフォルニア（57％）とテキサス（70％）を除く南部を中心とした主要生産州はすべて90％を超えている。

アメリカの綿花種子マーケット・シェア	親会社	2005
Bayer CropScience	バイエル	25.3
Phytogen	ダウ	2.6
Others		14.7
		100％

出典：Fernandez-Corejo,"Seed Industry in the U.S.", USDA-ERS, 2004年1月、より作成。

6. 小麦種子市場の構造変化と国際マーケットの動向

　小麦の種子については、現在でも公共部門が圧倒的に力を持っている。これは裏

---

[30] 本件に関する2006年2～3月にかけてのモンサント社の対応と一連の経過については、Ban Terminator（ターミネーター禁止キャンペーン）のウェブサイト（http://www.banterminator.org）に双方がやりとりしたEメールが公開されている。結論を言えば、さまざまなやり取りの後、モンサント社が謝罪した形になってはいるが、2006年9月27日現在、同社のウェブサイトで公開されている2005年の「誓約」の16ページには依然として「in food crops」の語が含まれている。アドレスは　http://www.monsanto.com/monsanto/content/media/pubs/2005/focus_impacts.pdf。

[31] モンサント社プレスリリース「Monsanto Company To Acquire Delta And Pine Land Company For $1.5 Billion In Cash」2006年8月15日。アドレスは　http://www.monsanto.com/monsanto/layout/media/06/08-15-06.asp　2006年9月25日アクセス。

を返せば、これまでは民間部門があえて参入するだけの魅力がなかったということかもしれない。ただし、この状況は、遺伝子組換え小麦の商業化をめぐる過去数年一連の動きと合わせて理解しておくことが必要であろう。

よく知られているとおり、小麦にはいくつかの種類があり各々生産地域が異なっている。1997年時点の数字を見ると、アメリカ農務省は硬質赤色冬小麦（HRW）の85％、硬質赤色春小麦（HRS）の85％、そして軟質赤色春小麦（SRS）の35％が、大学を含む公共部門で開発された種子であるとしている。たとえば1980年時点でHRSについてはミネソタ大学（34％）とカリフォルニア大学デービス校（22％）というふたつの大学が全体の56％を占めていたという。1997年の明細は不明だが、全体の85％が公共部門であるため、基本的な傾向は変わっていないのではないかと推察される。[32]

同様に、HRWについては1980年時点でカンサス州立大学が35％、ネブラスカ大学が25％、テキサスA＆M大学とコロラド大学が各々10％であったため、これら4大学だけで全体の80％を占めていたが、これも1997年の数字が85％ということを見れば、この全体的な傾向はあまり変わっていないと言えよう。

そして、たとえばHRSについて言えば、1980年当時民間部門で最大のシェアを持っていたかつてのサンド社も、同社自身が1976年に当時の業界最大手であったノースロップ・キング社を買収して業界リーダーの地位を築いたにもかかわらず、1996年にはチバ・ガイギー社と合併してノヴァルティス社となり、さらに2000年にはアストラ・ゼネカ社と合併してシンジェンタ社となったことは先に述べたとおりである。

ここで、2000年以降の状況と冒頭で述べた遺伝子組換え小麦の商業化をめぐる一連の動きを簡単に紹介しておく。ここでも主役はモンサント社である。2004年1

---

32 前掲拙訳、36-37ページ。

月、カナダ政府が1997年以来共同研究を行ってきたモンサント社との遺伝子組換え小麦の共同開発を断念する旨の意向が伝えられ、2004年5月10日、モンサント社は7年間の時間と数百万ドルと見積もられる開発費をつぎ込んだ遺伝子組換え小麦の商業化を断念するとの発表を行った。モンサント社自身の説明によれば「(同社が扱っている)ほかの作物に比べて、ラウンドアップ・レディー春小麦のビジネス機会はそれほど魅力的ではない」[33]ということになる。

モンサント社は2002年から2003年にかけて、アメリカ、カナダ両国における遺伝子組換え小麦の販売認可取得に向けて活発な活動を行ってきたが、その過程で、①ユーザーである小麦輸入国からの強硬な拒絶、②顧客を失う可能性のある生産者の不安、③そしてこれらを受けた当局の対応(現行の規制における不備など)を踏まえ、企業としてこれ以上の開発を断念する判断を行ったものである。つまり、遺伝子組換え小麦の導入により、アメリカとカナダ産小麦の主要輸出先であるEUと日本のマーケットを一気に失うリスクを最大限考慮した両国の小麦生産者の懸念により、企業の方針が大転換を余儀なくされた結果であると言えよう。

さらに、一連の過程を通じて明確になったことは、人びとは依然として「飼料や搾油原料」としての遺伝子組換え作物はそれなりに認めていても、「直接口に入る穀物」に関しては遺伝子組換え作物にたいして強い抵抗感が残っているということである。ただし、先に紹介したモンサント社のプレスリリースでは、「遺伝子組換え春小麦は、もっとも厳しい生産条件下であっても5〜15パーセントの単収向上の可能性があり」、今後、実験圃場レベルでの開発は断念するとはいうものの「各国の規制当局と適切な次のステップに関して話しあいを継続していく」と述べており、モンサント社としては適切な規制環境と手続きの方法さえ整えば、まだ将来の可能性は残っているとの感度が伺える内容となっている。

---

33 モンサント社プレスリリース、2004年5月10日。アドレスは http://www.monsanto.com/monsanto/layout/media/04/05-10-04.asp 2006年8月22日アクセス。

第3節
種子ビジネスにおける集中と環境問題

　本節では、これまで述べてきた種子ビジネスにおける集中が、実際に環境問題とどのように関連しあっているのかについて、最近の動向を踏まえた概要を見ておこう。簡単に言えば、モノカルチャーの進展にともなう遺伝資源、そして生物多様性への影響である。

1. 植物遺伝資源に関する取りあつかいと認識の歴史的変化

　2004年6月29日、「食料および農業にもちいられる植物資源に関する国際条約（ITPGR：The International Treaty on Plant Genetic Resources for Food and Agriculture）[34]」が発効した。この条約は1993年に発効した「生物の多様性に関する条約」（CBD：Convention on Biological Diversity、通常は「生物多様性条約」といわれることが多い）第15条において、「各国は、自国の天然資源にたいして主権的権利を有するものと認められ、遺伝資源の取得の機会につき定める権限は、当該遺伝資源が存する国の政府に属し、その国の国内法令に従う」[35]と定められていることを踏まえ、2001年のFAO総会において採択されたものである。

　ちなみに、CBDの第1条に記されている目的は、「生物の多様性の保全、その構

34　ITPGRの原文は以下のアドレスで参照可能。ftp://ftp.fao.org/ag/cgrfa/res/c3-01e.pdf　2006年11月13日アクセス。これは7年の交渉期間を経た後にFAOのResolution 3/91として2001年11月に採択され、2004年6月29日に発行したものである。

35　15条の原文は「Recognizing the sovereign rights of States over their natural resources, the authority to determine access to genetic resources rests with the national governments and is subject to national legislation.」アドレスは　http://www.biodiv.org/convention/articles.asp?lg=0&a=cbd-15　2006年11月13日アクセス。

第1章 種子業界における構造変化の歴史的展開

成要素の持続可能な利用および遺伝資源の利用から生ずる利益の公正かつ衡平な配分をこの条約の関係規定に従って実現すること」であり、この目的は、「とくに、遺伝資源の取得の適当な機会の提供および関連のある技術の適当な移転（これらの提供および移転は、当該遺伝資源および当該関連のある技術についてのすべての権利を考慮しておこなう）並びに適当な資金供与の方法により達成する」[36]こととされている。

ITPGR 自体は、40 か国が批准後、90 日後に発行することとなっており、2004年 3 月 31 日に欧州委員会、デンマーク、フィンランド、ドイツ、ギリシャ等が批准し、40 か国に達したため、同年 6 月 29 日付で発効した。

さて、ここで生物資源に対する FAO の考え方の推移を理解しておく必要がある。
まず、1983 年 11 月、FAO において食料および農業のための植物遺伝資源に関する包括的な国際条約としては最初の決議がおこなわれた。これが決議 8/83 である。そしてこの決議の付属文書（Annex）という形でより詳細な内容を記したIUPGR（International Undertaking on Plant Genetic Resources）が採択されている。両者のあいだに若干の文言の差はあるが、決議 8/83 および IUPGR のいずれも「すべての生物資源は万民の所有物であり、それゆえいかなる制限もない形で接近可能である」という立場を明確に表明している。[37]

---

36 農林水産省農林水産技術会議 2004 年 7 月 1 日プレスリリースでは、条約の目的を「各国共通のルールの下で食料農業植物遺伝資源のアクセスの促進をはかるシステムを構築し、遺伝資源の保全及び持続可能な利用並びにその利用から生じる利益の公正かつ公平な配分をおこなうことにより、持続可能な農業と食料安全保障を図る」こととまとめている。アドレスは http://www.s.affrc.go.jp/docs/press/2004/0701a.htm。また、ITPGR の経過、目的、内容、発効等については　http://www.s.affrc.go.jp/docs/press/2004/0701a/gaiyou.pdf　を参照。さらに、英文の CBD 全文は　http://www.biodiv.org/convention/articles.asp　のアドレスで参照可能である。いずれも 2006 年 11 月 6 日アクセス。
37 原文は、まず決議 8/83 の（a）において「plant genetic resources are a heritage of mankind to be preserved, and to be freely available for use, for the benefit of present and future generations:」という形で全体の認識が示されたのち、全 10 条からなる IUPGR の第 1 条（目的）では、「This Undertaking is based on the universally accepted principle that genetic resources

次に1989年11月、植物ブリーダーの権利が決議4/89において認められ、さらに決議5/89においては農民の権利が認められているが、ここでもすべての遺伝資源は万民の所有物でありいかなる接近も自由という基本的な認識は変わっていない。[38] 使われている表現は決議8/83のままである。

ところが、1991年11月の決議3/91になると、流れが変わってくる。植物遺伝資源に関しこれまで一般に受け入れられていた「万民の所有物 (heritage of mankind)」であり「自由に接近可能 (to be freely available)」という考えに一定の条件がつくようになる。すなわち、決議3/91においては「IUPGRにおける万民の所有物という概念は、当該植物遺伝資源が属する国家の主権のもとに属する」という形で、これまでの考え方から180度転換し「国家の主権のもとに属する」という形になったのである。[39]

そして、1993年のCBD（生物多様性条約）には、この考え方が強く反映された結果、「各国は自国の遺伝資源に関して主権的権利を有する」という文言が明確に盛り込まれることとなった。この考え方は現在に至るまで継続しており、本節の最初に述べたITPGRも、この決議3/91からCBDに至る考え方にもとづいているという点を十分に認識しておく必要がある。

こうした流れをこれまでに述べた種子産業の歴史と照らし合わせてみると興味ぶ

---

are a heritage of mankind and consequently should be available without restriction.」と規定されている。なお、FAO決議8/81およびIUPGRのアドレスは ftp://ftp.fao.org/ag/cgrfa/Res/C8-83E.pdf 2006年11月6日アクセス。

38 FAO Resolution 4/89. および 5/89。アドレスは ftp://ftp.fao.org/ag/cgrfa/Res/C4-89E.pdf および ftp://ftp.fao.org/ag/cgrfa/Res/C5-89E.pdf いずれも2006年11月7日アクセス。

39 FAO Resolution 3/91 原文は「the concept of mankind's heritage, as applied in the International Undertaking on Plant Genetic Resources, is subject to the sovereignty of the states over their plant genetic resources」となっている。アドレスは ftp://ftp.fao.org/ag/cgrfa/Res/C3-91E.pdf 2006年11月6日アクセス。

かい点が見えてくる。先に、1980年代がいわばバイオテクノロジーに関する先行投資の時代であったと言及したが、先行投資の時代においてはあらゆる可能性を追求したいのが企業や研究者の常である。そのためには将来の利益の元となる植物遺伝資源へのアクセスは自由であった方が都合がよい。これが植物遺伝資源は「万人の所有物」であり「自由に接近可能」という考え方を、少なくとも正当化したひとつの理由になっていたのではないかと思う。

これにたいし1980年代後半以降の流れは、これまで豊富な資金をベースに遺伝資源を求めていた先進国の種子関連企業にたいし、自国の持つ植物遺伝資源の将来的な価値を認識しはじめた資源保有国が、具体的な活用技術はまだ不十分ではあっても遺伝資源を自由に簒奪されることは認められないという形で自国の天然資源に対する主権的権利を主張していったことがわかる。

CBDでも明確に定められているとおり、ほかの国の遺伝資源については当該国にその権利がある以上、勝手に外部の人間が持ちだすことや研究することはできない。この行為はバイオパイラシー（遺伝資源の海賊行為）と呼ばれており、もはや知らなかったでは済まされない状況である。現時点では価値などないと思っている植物が、じつは人類の将来にとってきわめて有用な価値を持っていることも十分ありえるのである。また、「学術研究目的」は対象外といった誤解も多いことから、今後はビジネス・研究双方の面において遺伝資源に関する一層慎重なアクセスが求められることはまちがいないであろう。[40]

2. 遺伝子の喪失(Genetic Erosion)と社会・経済的影響および問題点

さて、FAOは欧州委員会等がITPGRを批准した2004年3月31日付の発表に

---

[40] 遺伝資源および生物多様性条約に関するさまざまな誤解については安藤勝彦「生物多様性条約におけるアクセスと利益配分の国際ルール」真菌誌第47巻第2号 2006年 54ページが詳しい。アドレスは http://www.jsmm.org/common/jjmm47-2_053.pdf 2006年11月6日アクセス。

第3節 種子ビジネスにおける集中と環境問題

おいて、きわめて興味ぶかいコメントを出しているため、以下簡単に紹介しよう。

「農家の努力にもかかわらず、生物多様性が急速に失われてきている。農業が始まって以来、約 10,000 種が食料や飼料等の生産にもちいられてきた。しかし、今日では、わずか 150 種の作物だけで大部分の人びとを養い、わずか 12％の作物が食料エネルギーの 80％（そのうち、小麦、コメ、トウモロコシ、ジャガイモだけで 60％）を占めている」[41] という。

もちろん、厳密に言えば、地球上にこれまで生えてきた植物種がどれだけの数になるのかについて、厳密なデータを持っている者などだれもいない。それでも FAO がこうした見解を発表しているということは、我われを取り巻く環境が急速に変化してきているということとともに、農業、とくに「工業化した農業」といわれている農業生産と、競争、そしてグローバリゼーションが一層の単一作物・単一栽培の傾向に拍車をかけているというまぎれもない事実であろう。[42]

1996 年に FAO が発表した資料[43] によれば、遺伝子資源喪失の主要な原因は、近代的・商業的農業の拡大によるものとされている。そして、新品種の導入により、それまで伝統的かつきわめて多様性があったおおくの地域限定品種が、結果として失われたとしている。もちろん、遺伝資源が喪失された原因は、これ以外にも病虫害、温暖化、都市化、消費者の嗜好を余りにも重視しすぎた形での地域に「合わない」大量生産品種のみの作付と生産といったようなさまざまな理由が考えられる。

41　FAO, "Treaty on biodiversity to become law", March 31, 2004. アドレスは　http://www.fao.org/newsroom/en/news/2004/39887/index.html　2006 年 11 月 6 日アクセス。
42　北林寿信「食糧・農業の将来を脅かす遺伝資源多様性喪失、植物遺伝資源条約は発効するが」、農業情報研究所 2004 年 4 月 2 日掲載情報。アドレスは　http://www.juno.dti.ne.jp/~tkitaba/agrifood/agriculture/news/04040101.htm　2006 年 11 月 6 日アクセス。
43　FAO, "Report on the State of the World's Plant Genetic Resources for Food and Agriculture", June 1996. 13-15 ページ。アドレスは　http://www.fao.org/ag/agP/AGPS/Pgrfa/pdf/SWRSHR_E.PDF　2006 年 11 月 6 日アクセス。

第1章　種子業界における構造変化の歴史的展開

　これらのなかで、ビジネスとしての農業が拡大あるいは生き残るためもっとも重要であったことは、地域独特の品種が大量生産向け品種に代替され急速に栽培されなくなってきたことであろう。個別地域を見れば、それなりに独自の取り組みを見つけることは可能であるが、より広域なレベル、たとえば国家レベルで見た場合には種子の世界にとてつもなく大きな変化が起こっていることがわかる。同資料が紹介している事例の中からいくつかを示してみよう。

- アメリカでは、1804年から1904年のあいだに記録されていた7,098種のリンゴの品種のうち、約86％が喪失されている。同様に、キャベツでは95％、トウモロコシでは91％、豆類では94％、トマトの81％の品種がすでに存在していない。
- 中国では1949年には約1万種の小麦の品種が使われていたが、1970年代までにわずか1,000種に減少している。
- マレーシア、フィリピン、タイでは、現地のコメ、トウモロコシ、果実の品種がほかの品種に取って代わられている。[44]

　一見、順調に成育しているおおくの栽培作物の「顔」が遺伝子というレンズを通してみた場合には急速に似通ったものに見えてくるのではないだろうか。この状況をFAOはGenetic Uniformity（遺伝子の画一性・画一化）と呼んでいる。そして、この状況は現在あるいは将来の世代が有効に活用できる可能性ある遺伝資源が急速に減少しているということを意味していることはまちがいない。

　さらに、画一性がもたらすであろう最大のリスクのひとつとして、特定の病虫

44　1999年9月には、AP通信が"Seed varieties disappearing: Farmers Find agricultural options limited"というタイトルのD. Briscoeによる記事を配信している。これによれば、「アメリカでは100年前に売られていた種子の8割以上がもはや入手不可能になっている」ことに加え、世界全体で見ても、3万種以上の品種が危機に陥っているとされている。なお、Briscoeの記事は以下のサイトに掲載されている。http://www.biotech-info.net/varieties_disappearing.html 2006年11月13日アクセス。

害や環境変化に対する脆弱性（vulnerability）という問題が指摘されている。FAOの資料では、もっともよく知られた事例として1840年代のアイルランドでジャガイモの疫病による「大飢饉」の事例を紹介している。詳細は割愛するが、この飢饉の原因となるジャガイモの疫病の原因、つまりPhytophthora infestansと呼ばれる菌は、同国でジャガイモの栽培が順調に進展していた当時のヨーロッパにはまだ伝来しておらず、それ故にこそ一旦伝染が始まると瞬く間に被害が拡大したと見られている。商業的利益を優先した結果のモノカルチャーが、いかに脆弱であるかを示す歴史の教訓である。

これ以外にも、ワイン用のぶどうの被害、バナナの被害等、さまざまな作物おいて収量の増加だけを意図した単一品種・単一栽培が、病虫害や天候等の環境変化により生産に壊滅的な打撃を与えた例は数おおく見ることができる。一般に、我われは過去のおおくの場合、中長期的視点に立った伝統的な育種の手法によりその土地に適し、さまざまな変化に生き残った品種を時間をかけて選び抜いてきたが、同時に対症療法ともいうべき方法である化学薬品、つまり農薬の使用をも行ってきた。もし、なにか問題があった場合、あるいは問題を防ぐ手段として農薬を活用してきたのであるが、これにたいしてもFAOは、実際の有効性や耐性といった問題を指摘した上で、全米科学アカデミーの「ある意味では、作物にたいして農薬を使用するということ自体が遺伝的脆弱性を反映している」とのコメントを引用している。[45]

先述のFAOの資料は、中国におけるF1ハイブリッド米の作付面積が、1979年の5百万ヘクタールから1990年には1500万ヘクタールに増加していることを記しているが、本章で述べてきた事例から見れば、トウモロコシ、大豆といったほかの作物についても画一化が進展していることはほぼまちがいのない状況であろう。

とくに、ここ10年ばかりのあいだに急速に拡大してきた南アメリカにおける大豆生産は、その影響が当該大豆そのものだけでなく、新たに開発された大豆作付地

45　前掲FAOレポート、15ページ。

域が従来担っていた社会的な役割あるいは環境面での役割といった点を考慮しておかないと、取り返しのつかない影響をおよぼすことになりかねない。高単収品種の単一かつ継続的な作付による肥料や農薬の大量消費、当該地域に生息していた動植物や土壌内微生物への影響等を含め、生物多様性への影響はきわめて広範にわたっているにもかかわらず、実際の種子マーケットでは限られた数の企業が開発し似たような特性を持つ種子が耕地のおおくに作付されているという傾向が継続しているという点を認識しておく必要があろう。

現代の我々の社会は ITPGR がようやく発効したとはいえ、いまだ FAO の資料が指摘しているように、こうした遺伝資源の画一化や脆弱性を防止するための、包括的かつ統一的なフレームワークだけでなく、モニタリングのシステムそのものが、地域的にも、そして具体的なツールとしても十分に備わっているとはいえない状況にある。[46] 目に見える汚染だけではなく、一見よく成長し作物が綺麗にそろった畑こそが、じつはもっとも身近な環境問題を示しているというのは今や古典的なパラドックスであるが、種子ビジネスにおける集中が進展した場合の環境への影響は、まったく同じことが言えるであろう。

第4節　小括

企業の再編・統合といった動きは社会の動きを如実に映している。種子の世界も例外ではない。表面上は大量生産・大量流通といった大きな流れや、その時どきの

---

[46] なお、本文では植物遺伝資源についてのみ言及したが、動物遺伝資源についてもまったく同じ状況が発生していることは覚えておく必要があろう。

第4節 小括

合併や買収といった動きに目を奪われがちであるが、生産者、加工業者、流通業者、そして消費者のニーズの変化は社会の変化そのものであり、企業行動は確実にこうした変化を踏まえたものとなっている。あるいは、こうした変化に対応できないかぎり営利企業は競争力そのものを維持できない。

1990年代から2000年代前半にかけて大きな変化を経験したアメリカ（というよりも世界）の穀物種子業界は、2004年時点では大きく分けて①シンジェンタ、②デュポン（パイオニア）、③モンサント、④アグレボ、そして⑤アドヴァンタといった5つの強力なプレーヤーが存在していた。その後、2004年5月に、シンジェンタ社がアドヴァンタ社を買収する旨のアナウンスをおこない、EUおよびアメリカの規制当局の審査を経て買収が承認された。シンジェンタ社は、アドヴァンタ社の買収により、北米の大豆とトウモロコシについてはBt耐性、ラウンドアップ・レディー耐性、ルートワーム耐性と機能面ですべての商品ラインアップをそろえ、アドヴァンタ社の主力ブランドであったガースト（Garst）を手に入れ、北米では後塵を拝しているデュポン社とモンサント社を追いかけている。

一方、個別品目の項で何度も紹介してきたように、ここ数年の種子業界の台風の目となっているモンサント社は、2005年、野菜種子の分野では世界一のシェアを誇っていたセミニス社を買収している。これにより、モンサント社は種子の世界でデュポン社を抜き売上高では世界一の座についたことになる。さらに、2006年8月にはかつてターミネーター技術に対する世論の反発を受けて断念した綿花種子大手のデルタ＆パイン・ランド社の買収を発表した。

この技術については、日本のような先進国ではたんなる遺伝子組換え技術としか認識していない向きも多いが、種子を自家保存している発展途上国の農民にとっては経済的負担を含め死活問題となることから、モンサント社に対する今後の風向きは当局の合併審査以上に厳しいものとなるであろう。まさに、個別企業の行動や技術が社会全体に大きな影響を与えている事例である。

さて、「ビジネスを行っているすべての分野で業界1位か2位を目指す」ことを企業戦略としてわかりやすく世界中に広めたのはGEの元CEOジャック・ウェルチであったが、現在、種子の世界ではモンサント社とデュポン社がすでに3位以下の企業に大きく差をつけた2強となっており着実に寡占化が進行している。今後、シンジェンタ社以下の企業がどう対応してくるか、種子をめぐる競争はまだまだ波乱含みな状況が継続している。[47]

さらに、種子業界における集中は、おおくの関係者が当初予想もしていなかった形で環境への影響をおよぼしている。かつては「万人の所有物」であった植物遺伝資源は、今やグローバル市場で活動している種子企業にとって、まさにビジネス・シードとして欠くべからざるものとなっている。発展途上国にはおおくの未知あるいは未利用遺伝資源が存在している以上、生物多様性条約や植物遺伝資源に関する国際条約（ITPGR）が発効したこと自体は喜ばしいことではあるが、これが本当に環境を守るために有効に機能するかどうかは、まさに今後の各国・企業の行動次第であろう。遅すぎた条約にならぬことを祈るばかりである。

47　本稿は「注目すべき世界のアグリビジネス」シリーズの一環として、「アメリカの種子産業（その1～3）」の形で『農業構造改善』第42巻11,12号　第43巻1号　日本アグリビジネスセンター 2004年11月～2005年1月に連載した内容をベースに加筆・修正したものである。

2 遺伝子組換え作物とバイオ燃料を中心としたアグリビジネスの展開

　過去10年のあいだに、遺伝子組換え作物（GMO：Genetically Modified Organism）はアメリカの大豆作付の89％、綿花では83％、トウモロコシですら61％にまで拡大した。[48] もはやアメリカにおいては、一見、遺伝子組換え作物そのものの是非を問うような議論はすでに過去の問題になりつつあるようにさえ思われる。それでもこの10年のあいだに遺伝子組換え作物が提起した問題は多い。肯定・推進派のアメリカ自体ですら認識しているように、「アメリカや世界の農業の将来、国際貿易関係、生物多様性と必要な品種の保存や開発のための国際的手法の開発、多国籍企業の役割、そして全体としてみれば急速に進歩する技術にたいし、どのようにして我われは自信を確立していくか」[49] という大問題が投げかけられ、いまだにさまざまな見解が錯綜していることはまちがいないであろう。

　そうしたなかで商業化から10年目の2006年4月19日に、アメリカ農務省経済調査局（USDA-ERS）は、「アメリカにおける遺伝子組換え作物の10年（The First

---

48　USDA-NASS "Acreage"、2006年6月30日、24-25ページ。アドレスは　http://usda.mannlib.cornell.edu/usda/current/Acre/Acre-09-12-2006.pdf　2006年9月25日アクセス。

49　USDA Advisory Committee, "Preparing for the Future: A Report prepared by a USDA Advisory Committee on Biotechnology and 21st Century Agriculture"　2ページ。ここに「多国籍企業の役割」という1項目が含まれていることは重要である。アドレスは　http://www.usda.gov/agencies/biotech/ac21/reports/scenarios-4-5-05final.pdf　2006年9月25日アクセス。

Decade of Genetically Engineered Crops in the United States)」と題するレポートを発行し、インターネット上でも公開した。[50] 本章では、前半でこのレポートの要点を紹介し、適宜数字を最新のものに改めつつ解説・検討をおこないながら遺伝子組換え作物の10年を振り返り、後半ではわが国を含めておおくの関係者の注目を集めている「環境に優しいバイオ燃料」、とくにエタノールをめぐる動きとその影響について検討する。

第1節
アメリカ農務省の総括に見る遺伝子組換え作物の10年

1. 第一世代を中心とした遺伝子組換え作物の普及

　アメリカ農務省レポート①で最初に指摘されている点は、遺伝子組換え技術そのものがさまざまな科学技術の集積したものであること、そしてとくに伝統的な育種技術の積み重ねの上に、今日の、より正確で、特定の形質に焦点を定めた遺伝子組換え作物の開発がおこなわれてきたという点である。[51] この点はまちがいない事実であろう。そして、作物については、よく知られている「三世代の遺伝子組換え作物」という概念を紹介している。

50　USDA-ERS, "The First Decade of Genetically Engineered Crops in the United States". 以下、注釈では「農務省レポート①」と記載。アドレスは　http://www.ers.usda.gov/publications/eib11/eib11.pdf　2006年9月25日アクセス。
51　前掲農務省レポート①、1ページ。

すなわち、①生産者に利益を与える第一世代（除草剤耐性や害虫耐性などのインプット）、②特定の付加価値がアウトプットされる第二世代（特定の栄養素をおおく含んだ動物飼料など）、そして、③伝統的な意味での作物の概念を超えた特定薬機能を含んだファーマ・クロップ（製薬作物）やバイオ・ベースの燃料などの第三世代作物である。

現在のところ遺伝子組換え作物に関して、大量生産・大量流通のラインに乗っているのは、第一世代の作物がほとんどであるが、いずれ第二世代、第三世代の遺伝子組換え作物が、我われの生活に不可欠なものとなる日が到来する可能性が高い。[52] もちろん、それまでに乗り越えるべきハードルはきわめて高いものがあることはまちがいなく、そうしたハードルを検討する段階で、これらははるか遠い世界の「だれか」が作ったものではなく"直接我われの日々の生活に関係するもの"として意識せざるをえなくなる可能性が高い。

なお、きわめて重要なことであるが、アメリカ食品医薬庁（FDA：Food and Drug Administration）は、遺伝子組換えされた原料によりつくられた食品とそうでない食品とを「実質的同等（substantially equivalent）」として区別していない。その結果、現在のアメリカでは遺伝子組換え作物を使用したか否かに関する表示義務そのものは存在しないし、さらに厳しく言えば、その結果として、おおくの消費者は自分が実際にスーパーマーケットなどで手にする食品に遺伝子組換えからつくられた原料が含まれているかどうかについて普通に食品を見ただけではなにもわからないということを踏まえておく必要がある。「過去10年間、アメリカのおおくの消費者は遺伝子組換えされた原料が使われた食品を、おおくの場合それと知らずに食べ続けてきたということになる」[53]との農務省レポート①の指摘は、まさにこの点を示している。

---

52 種子業界の集中に関する箇所で紹介したモンサント社のVISTIVEという新商品を思いだしていただきたい。この大豆の特徴は遺伝子組換え技術ではなく通常の育種技術でおこなわれたものであるが、この特徴と遺伝子組み換え大豆の特徴をあわせ持たせることにより、生産者にとっても、メーカーや消費者にとっても特別な付加価値のある商品が誕生したのである。
53 前掲農務省レポート①、1ページ。

第1節　アメリカ農務省の総括に見る遺伝子組換え作物の10年

　はたして消費者は規制当局の判断に全幅の信頼を置いているのか、ほとんど「意識していない」のか、あるいはそのほかの理由によるのか、そして、こうした状況をどう理解すべきかについては、もちろん立場により異なるであろうが、遺伝子組換え作物に対する反対派から見れば、アメリカは国をあげて壮大な実験を行ってきたと言えなくもない。とりあえず、現段階までは目に見える影響はなさそうであるが……と。これにたいし、賛成派は、10年間現実に作付・生産・使用がここまで拡大してきたことがすべてを証明しているといった立場を取るであろう。少なくとも現在のアメリカと一部の発展途上国が急速に同じ方向にアクセルを踏んでいることはまちがいない以上……。

　なお、農務省レポート①では、遺伝子組換え作物に関するステークホルダー（主要な利害関係者）を、①種子および技術の提供者、②生産者、③消費者、の三つに分類しているため、以下、この分類に沿った形で内容を紹介する。

2. 知的所有権の保護強化と民間企業の参入

　過去30年のアメリカの種子業界の変化をひと言で言えば、1970年代から80年代にかけて、知的所有権（IPRs：Intellectual Property Rights）の保護が強化されたことにより、従来は公共の研究機関や大学などが中心であった「種子」の世界に民間企業が参入してきたことが、今日の遺伝子組換え作物の大規模な普及に大きく貢献していると言えるであろう。言い換えれば、種子開発そのものが、法的保護により企業にとっても十分にリターンのある投資対象になったということである。

　新規参入を含めて急速に拡大したアメリカの種子産業は、1980年代から1990年代にかけてさまざまな企業による買収・被買収が繰り返された。その結果、最終的には増加する研究開発費用を十分に負担可能な大企業が「規模の経済」を追求し、技術においても規模においても業界をリードすることとなった。

詳細は種子の項で説明したとおりであるが、ここで概要を再度記しておく。2005年時点における世界の種子マーケットの規模は約268億ドルであり、このうちアメリカは57億ドル、2位が中国で45億ドル、3位は日本の25億ドルとなっている。[54]

　さて、種子開発におけるもっとも重要な試験は研究室の中の実験ではなく実際の生産と同じ環境下でおこなう圃場試験である。遺伝子組換え作物について、この圃場試験の申請件数を1987年以降2005年4月までの期間で見た場合、総件数は1万1,600件近くに上り、そのうち92％に相当する1万700件以上が承認されていると報告されている。

　ピークは2002年であり、この年だけで1190件が承認されている。全承認件数のうち、5千件弱がトウモロコシ、2600件弱が大豆であり、この2品目で全体の7割を占め、ジャガイモや綿花などになると申請件数は大きく減少している。また、機能的に見た場合には、全体の3割が除草剤耐性、2割強が害虫耐性、2割弱が品質特性、1割がウイルス耐性、残りがその他特性となっている。[55]

3. 遺伝子組換え作物の作付状況の特徴と今後の課題

　商業化された遺伝子組換え作物のうち、除草剤耐性（Herbicide Tolerance）および害虫耐性（Insecticide Tolerance）といったふたつの主要な特質を持った品種（実際には大豆とトウモロコシがほとんど）は、2005年時点で見た場合、世界全体

54　農務省レポート①では1997年時点の数字が使われているが、本稿では同じISF（International Seed Federation）の資料（Seed Statistics）にもとづきアップデートされた"Estimated size of the domestic market for seed and other planting material of selected countries updated in 2005"の数字を掲載した。1997年時点と比べてみた場合、アメリカおよび日本の種子マーケットの規模は同じであるが中国が30億ドルから45億ドルに急増している点はとくに中国における種子マーケットが急速に拡大している事実を示している。アドレス　http://www.worldseed.org/statistics.htm　2006年9月26日アクセス。

55　これらの数字は前掲農務省レポート①、3ページのものを使用。

第1節　アメリカ農務省の総括に見る遺伝子組換え作物の 10 年

で約 2 億 2,200 万エーカーが作付されている。アメリカは 1 億 2,300 万エーカーと約 55％を占めており、作付面積は過去 10 年で急速に拡大してきている。[56]

　先に述べたとおり、アメリカの遺伝子組換え作物の作付比率は、2006 年時点で大豆 89％、綿花 83％、トウモロコシ 61％である。機能別に見た場合、除草剤耐性が 100％の大豆を別にすれば、綿花は除草剤耐性、トウモロコシは害虫耐性が中心となっているが、両方の耐性を備えた複数耐性（Stacked Gene Variety と呼ばれている）もおおくなってきている。とくに綿花ではこの傾向が強い。また、害虫耐性トウモロコシの合計は 40％（害虫耐性 25％、複数耐性 15％）であるが、地域的に見ればいわゆるヨーロピアン・コーン・ボアラーの被害が多い西部コーンベルトでの普及度が高い。[57]

アメリカの遺伝子組換え作物の作付割合（2006 年）

	害虫耐性	除草剤耐性	複数耐性	合計
大豆	-	89％	-	89％
綿花	18％	26％	39％	83％
トウモロコシ	25％	21％	15％	61％

USDA: "Acreage" June 30, 2006 より作成。

　なお、農務省レポート①では、農家経営に対する影響度という点でもいくつかの

56　農務省レポート①に記されている数字は 2004 年の数字である。本稿では農務省レポートと同じ出典の ISAAA によるウェブサイトから 2005 年の数字を得て使用した。2005 年は前年比 11％増となっている。アドレスは　http://www.isaaa.org/kc/CBTNews/press_release/images/briefs34/figures/acres/by%20country_acres.jpg　2006 年 9 月 25 日アクセス。

57　農務省レポート①では 2005 年の数字が使われていたが、本稿のこの部分では 2006 年 6 月 30 日のアメリカ農務省発表にもとづき、最新数字を使用している。複数耐性分を除く害虫耐性のみでトウモロコシの数字を見た場合、ネブラスカ、カンサス、ミズーリといった西部コーンベルトの各週はいずれも 30％以上の数字となっている。USDA, "Acreage"。アドレスはhttp://usda.mannlib.cornell.edu/usda/current/Acre/Acre-08-14-2006.pdf　2006 年 8 月 23 日アクセス。

興味ぶかい指摘がなされている。第一に、直接的な収入増加という点では除草剤耐性の綿花とトウモロコシがあげられている。ただし、除草剤耐性トウモロコシは作付面積がそれほど伸びていないが、その理由としては、従来品種をプレミアムを支払って除草剤耐性トウモロコシに変える価値があるかどうかという比較の問題であるとしている。

第二に、より予防的な効果という点で害虫耐性の綿花とトウモロコシがあげられている。とくに Bt トウモロコシの種子に関しては、農家として、いずれにせよ作付前に当該年度のヨーロピアン・コーン・ボアラーの被害を想定した上でみずから判断をしなければならない。万が一、虫の被害を受けた場合の潜在的な損失と、それを予防するための保険料としてのプレミアムとの比較になる。一般的には、ヨーロピアン・コーン・ボアラーの被害にあったときの損失を想定して保険として害虫耐性の種子を購入する傾向が強いとは言われるものの、毎年被害状況が異なるため、これもむずかしい判断であることはまちがいない。

そして、第三としてもっとも導入が進んだ除草剤耐性の大豆については、1997年および1998年の結果で見るかぎり農家の収入にはほとんど影響がなかった点が指摘されている。[58] ただし、この第三のポイントは、あくまでも直接的な効果という点であり、実際には除草剤耐性大豆の作付により農薬散布の手間が省け、農場管理に要する時間が減少したことなどから農場外収入を得るための時間や機会をつくりだしたという効果も指摘されている点は興味ぶかい指摘である。[59]

さらに、農薬の使用量という点でも、遺伝子組換え作物導入後10年を経て、それなりの傾向が出はじめている。簡単に言えば、全体としては減少傾向であり、と

---

58 前掲農務省レポート①、10-11 ページ。
59 前掲農務省レポート①、11 ページ。ここではこれ以上深入りはしないが、実際に遺伝子組換え大豆を作付している農家の農業外所得の変化を実際に追跡してみれば、このコメントの妥当性が検証できるであろう。

くにその傾向はトウモロコシ（除草剤・殺虫剤とも）、綿花（除草剤）に強いという。特性別に言えば、トウモロコシ、大豆、綿花ともに殺虫剤使用は減少傾向にあるが、大豆の除草剤使用量は過去10年でそれほど変化していない。むしろ近年は増加傾向にある。[60] これは、実際に除草剤そのものの効果が減少しているのか、あるいはすすめられている量以上に農家が散布する傾向があるのか、こうした点に関するさらに詳細かつ長期的な検討がぜひとも必要な部分であろう。

なお、1997年のデータでは除草剤耐性大豆の作付地域のうち6割が不耕起栽培（no-till）を行っており、この割合は通常品種を作付している地域の4割という数字を大きく上回っている。つまり、間接的ではあるが、除草剤耐性大豆の作付により土壌保全という環境負荷を軽減する効果も出てきているという点が指摘されている。[61] この点は直近の数字ではどのようになっているのだろうか。これも追跡調査が期待されるところである。

4. 消費者の関心と遺伝子組換え作物による付加価値の創造

過去10年にわたり、遺伝子組換え作物あるいは遺伝子組換え作物を原材料として使用した食品に対するさまざまな調査がおこなわれてきた。結論をひと言で言えば、少なくとも消費者は「一定の関心」[62]を持っているという。ただし、ヨーロッパと異なり、アメリカの消費マーケットでは、遺伝子組換え作物を原材料として使用するかどうかがマーケット全体の動向を左右するような「大きな」インパクトは持っていないのが実態である。

60　前掲農務省レポート①、13ページ。
61　前掲農務省レポート①、13ページ。
62　これは消費者がGMフリーの食品にたいしてGM食品よりも高いプレミアムを支払う意思（willing to pay）があるかどうかという形での各種調査をまとめた形となっている。たとえば、Chern他 "Consumer Acceptance and Willingness to Pay for Genetically Modified Vegetable Oil and Salmon: A Multiple-Country Assessment", AgBioForum, 5(3): 105-112ページ，2002年など。アドレスは　http://www.agbioforum.org/v5n3/v5n3a05-chern.pdf。

何人かの研究者が、この「一定の関心」を定量化する試みを実施している。たとえば、消費者が非遺伝子組換え作物を使用した食品にたいして、どこまでのプレミアムを支払うかといったような調査研究もなされてはいるが、これらが実際のスーパー・マーケットでの消費行動に直接結びついているかどうかなど、まだ不明な点が多い。[63]

農務省レポートは、遺伝子組換え作物を原材料として使用しているかどうかは、味や色などといった食品が持つ複数の要素のひとつとして考えられているのではないかと述べている。そして、いわゆる非遺伝子組換え作物を原材料として使用した食品を明確に表示し、それを売り物としているマーケットも存在するが、それはあくまでも全体の中の一部であるとしている。[64]

それでは、遺伝子組換え作物により、これまで述べてきた三種類（種子・技術の提供者、生産者、消費者）のステークホルダーは、どの位の恩恵を受けてきたのであろうか。これにたいし、農務省レポートは2003年に発表した研究報告をもとに、興味ぶかい分析を行っている。[65]

対象はあくまでも除草剤耐性大豆、Bt綿花、除草剤耐性綿花に限ったとして、これらの総合計で7億5千万ドル（そのうち、3億1千万ドルが除草剤耐性大豆）の価値が生じたとしている。本稿では、このうち、最大の価値を占める除草剤耐性大豆の3億1千万ドル相当の価値がどのように分配されたかを紹介する。

簡単に言えば、除草剤耐性大豆でもっとも恩恵を受けたステークホルダーは種子会社であり、全体の4割、次がバイテク企業で3割弱、アメリカの生産者が2割、

---

63 前掲農務省レポート①、15ページ。
64 前掲農務省レポート①、15ページ。
65 前掲農務省レポート①、19-20ページ。

消費者が5％で、残りがアメリカ以外の生産者や消費者のもとに流れたとしている。[66] ただし、レポートでも述べられているとおり、調査対象年度が1997年だけであることや、年ごとの需給状況に大きな影響を受けることを十分に考慮する必要があることは言うまでもない。それでも、こうした結果は、まさに第一世代の遺伝子組換え作物の開発によりだれがもっとも恩恵を受けたかを如実に示している。

なお、除草剤耐性綿花やBt綿花の恩恵の分布は大豆と大きく異なっており、商品特性や業界特性を反映したものとなっているため、ご関心のある方は農務省レポート本文をご参照いただきたい。

第2節
アメリカにおける遺伝子組換え作物をめぐる環境訴訟

遺伝子組換え作物が実際にどのような環境、とくに生態系への影響を与えるかについては、わが国においてもさまざまな研究がなされている。[67] 環境あるいは生態系への影響としてよく指摘されるものは雑草化や野生の植物に対する遺伝子の拡散、あるいは有益な微生物等に対する意図せぬ影響、さらには有害物質の環境中へ

66　前掲農務省レポート①、19ページ。
67　たとえば、独立行政法人農業環境技術研究所「遺伝子組換え作物の生態系への影響」養賢堂 2003年。また、最近では日本農学会編「シリーズ21世紀の農学：遺伝子組換え作物の研究」養賢堂　2006年など。

の放出などによる生態系への影響などが考えられている。

　これまで商業化された遺伝子組換え作物は、除草剤耐性や害虫耐性といった形であり、ある意味非常にわかり易いものであったが、今後、いわゆる第二世代の遺伝子組換え作物（農産物の品質そのものを向上させるような特質を備えたもの）や、第三世代の遺伝子組換え作物（消費者に直接メリットのある製薬作物や工業用作物など）が登場してくることにより、これらの遺伝子組換え作物と生態系とのかかわりはこれまで以上に多様なかかわりあい方が出てくるものと思われる。

　バイオテクノロジーにより今後植物からつくられ商品化されていくであろう薬品、つまりPMPs（plant-made pharmaceuticals）や工業用製品（PMIPs：plant-made industrial products）などについては、これらが我われの健康や環境に本当にリスクがないのかどうかという問題とともに、その生育（製造）過程においては外見からでは区別ができない既存の通常品種との間で、どのように共存し、分別生産流通管理を行っていくべきか、そして、そもそも分別生産流通管理そのものが今後将来的にも可能なのかどうかという大きな問題を抱えている。

　こうした問題については、賛成・反対各々の立場からさまざまな意見が出されているし、実際の企業行動を見れば、たとえば遺伝子組換え作物そのものを通常作物と区別していないアメリカなどでは、国内における議論はもはや抽象的な賛否を争うものではなく、特定の性質を備えたPMPsやPMIPsと通常作物との分別生産流通管理の具体的問題というレベルに焦点がシフトしてきているようである。もっと言えば、より具体的に、たとえば薬剤ではB型肝炎やエイズ・ウィルスなどのワクチンであり、工業用品では特定の酵素の開発や生分解性のポリマーなどの製造ということになる。

　これにたいし、2000年秋にアメリカで発生したスターリンク事件のように遺伝子組換え作物の「意図せぬ混入」が発生した場合には、既存のフードシステム全体が大混乱するだけでなく、周辺環境への多大な影響が十分に予想される。アメリカ

第 2 節　アメリカにおける遺伝子組換え作物をめぐる環境訴訟

では、スターリンク事件の直後、スターリンクを使用していない農家による集団訴訟が提起された。この集団訴訟は2003年2月に1億1,000万ドルという金額で和解が成立したが、原告側の主張としてもっとも特筆すべき点は、「スターリンクを使用していない生産者、簡単に言えば被告企業の顧客ではない生産者にたいしても自社の製品による一定の影響があることを伝達すべきであった」という形で遺伝子組換え作物に関するリスク開示と説明責任に関する重要な問題を突きつけている。[68]

さらに、2001年から2002年にメキシコで大問題となったように、国と国との間で制度が異なった場合、言い換えれば遺伝子組換え作物を正式に承認していない国に対するGM汚染の問題や、国家としては認めていても当該国の消費者や消費者団体・環境保護団体等が遺伝子組換え作物の受容にたいして異なった見解を主張している状況になると問題が一層複雑化することはまちがいない。[69] 当事者がおたがいに納得できないまま片方の主張が強制的に実行された場合、現代社会においてはおおくの環境問題と同様、最終的に訴訟という形に持ち込まれることが多い。研究者による各種調査や研究、当事者同士のビジネス上の利害や感情的な反発を踏まえ、いずれにせよ最終的な判断が法廷に持ち込まれているのが良くも悪くも現実であろう。

---

[68] 拙稿「遺伝子組換え作物の不適切な取りあつかいはいかなる訴訟を受けることになるか？――スターリンクを使用していない農家が提起した集団訴訟」『海外諸国の組換え農産物に関する政策と生産・流通の動向』　農林水産政策研究所　2004年。

[69] トウモロコシの原産地であるメキシコの農民が保存していた種子の中から組換え遺伝子が見つかった事件。遺伝子組換え技術の管理の問題とともに、もともと本件を掲載した「ネイチャー」誌の掲載撤回騒動や、メキシコ政府による再調査で「高レベル遺伝子汚染」が再確認されるなど、大きな問題となった。一連の経過については、FoodFirst "Genetic Pollution in Mexico's Center of Maize diversity", Spring 2002　が詳しい。原文のアドレスは　http://www.foodfirst.org/pubs/backgrdrs/2002/sp02v8n2.html。また、邦訳は渡田正弘「トウモロコシ品種多様性の中心地であるメキシコで遺伝子汚染」。アドレスは　http://journeytoforever.org/jp/foodfirst/report/sp02v8n2.html　いずれも2006年11月6日アクセス。

このため、以下では遺伝子組換え作物と環境問題全般を論じるのではなく、最近の具体的な遺伝子組換え作物をめぐる環境訴訟の事例を簡単に紹介するなかで、この問題が抱える本質を検討したい。事例はいずれもアメリカのものであるが、わが国と決して無関係ではないものばかりである。

1. 安全性未審査の遺伝子組換え米（リバティ・リンク・ライス）をめぐる申立て[70]

2006年7月31日、アメリカのバイエル・クロップサイエンス社は農務省にたいして、安全性が未審査の遺伝子組換え米（LLRICE601、これはLibertyLinkと呼ばれている）が、商業用に流通している米（長粒種）の中に混入している可能性が強いとの報告を行った。除草剤耐性を持つ遺伝子組換え作物の主要なものとしては、グリフォサート（glyphosate）耐性を持つラウンド・アップが有名であるが、今回問題となったのはグルホシネート（glufosinate）耐性を持つLivbertyLink（リバティ・リンク）という遺伝子組換え作物であり、この商品を開発してきたのはバイエル・クロップサイエンス社（Bayer CropScience）である。

さて、連絡を受けたアメリカ食品医薬庁（FDA）および農務省（USDA）は8月18日に本件に関する公式声明を発表した。[71] その内容によると、バイエル社は、

---

[70] 今回の申立ては、合衆国憲法修正第1条、行政手続法そのほかにもとづき、植物保護法の下でも救済を求めたものである。これは、憲法に認められた正式な書面による当局に対する法的行動である。原文は以下のアドレスで参照可能。http://www.centerforfoodsafety.org/pubs/LLRice_Petition_9.13.06.pdf。また、申立て行動そのものに対する根拠としては、7C.F.R.340.6 "Petition for determination of nonregulated status" 参照。アドレスはhttp://a257.g.akamaitech.net/7/257/2422/11feb20051500/edocket.access.gpo.gov/cfr_2005/janqtr/7cfr340.6.htm。いずれも2006年11月13日アクセス。

[71] FDA, "U.S. Food and Drug Administration's Statement on Report of Bioengineered Rice in the Food Supply" アドレスは http://www.cfsan.fda.gov/%7Elrd/biorice.html。およびUSDA, "Statement by Agriculture Secretary Mike Johanns Regarding Genetically Engineered Rice" アドレスは http://www.usda.gov/wps/portal/!ut/p/_s.7_0_A/

リバティ・リンクと呼ばれるPATたんぱく質[72]を含んだおおくの遺伝子組換え作物（除草剤耐性）を開発してきているが、そのうち3つが米であったという。このうち、LLRICE62とLLRICE62という2品種については、すでに安全性審査がおこなわれ、食品としてあるいは環境にたいしても安全性が確認されているが、商業化はされていない。今回問題となった品種は、LLRICE601という品種で、1998年から2001年にかけて野外試験がおこなわれたものであるとのことである。

　そして、食品医薬庁および農務省の両者ともに、この時点で入手可能なデータおよび情報にもとづいて判断するかぎり、問題のLLRICE601は食品および食品の流通網、そして環境にたいしても安全であると結論づけている。

　これにたいし、わが国の厚生労働省は翌8月19日、「安全性未審査の米国産遺伝子組換え米（長粒種）の混入について」[73]という声明を発表した。このなかで、アメリカ大使館を通じ、アメリカにたいし、わが国で安全性審査が終了していない米が対日輸出されることがないよう管理の徹底するとともに、LLRICE601の混入に係る詳細な経緯、流通状況、検査方法等についての情報提供を要請した。一方、国内的には、LLRICE601の検査が実施可能となるまでの間、米国産長粒種について

　　　7_0_1OB?contentidonly=true&contentid=2006/08/0307.xml。いずれも2006年11月14日アクセス。
72　PAT蛋白質（Phosphinothricin N-acetyltransferase）とは、簡単に言えば除草剤グルホシネートをアセチル化して不活性化する酵素のことである。平成13年3月8日厚生労働省「組換えDNA技術応用食品及び添加物の安全性審査に関する部会報告書」の中に記されている以下の説明がわかりやすい。「PAT蛋白質は、植物、微生物及び動物細胞に一般的に存在するアセチルトランスフェラーゼ酵素群の一つである。PAT蛋白質は、植物の窒素代謝により生成したアンモニアを無毒化するglutamine synthetaseの活性を特異的に阻害するphosphinothricin（除草剤として利用されるグルホシネートの有効成分）をアセチル化して不活化させる。そのため、植物はグルホシネート存在下でも枯死せずに生育でき、Bt11スイートコーンに選択マーカー遺伝子としてPAT遺伝子が挿入されている。」。アドレスは　http://www.mhlw.go.jp/shingi/0103/s0308-1.html　2006年11月14日アクセス。
73　厚生労働省プレスリリース、2006年8月19日。アドレスは　http://www.mhlw.go.jp/houdou/2006/08/h0819-1.html　2006年11月14日アクセス。

は輸入しないよう輸入者への指導を検疫所に指示するとともに、すでに輸入されたものについては、長粒種であるか否かの確認と長粒種の場合には検査が可能となるまでの間、加工・販売をおこなわないよう都道府県等を通じて指導をおこなうことを通知したのである。なお、厚生労働省の文書が明らかに示しているように、すでにこの段階で重要な問題、すなわち実質的にわが国には遺伝子組換え米に対する検査の体制が存在していないことが明らかになったことは注意しておくべきであろう。また、検査をおこなうことになればそれなりのコストがかかることになるし、そのコスト負担についても、こうした事件が発生した時点ではなにも明らかになっていない。

さて、わが国の動きとは別に、アメリカ国内ではLibertyLinkに関する訴訟がいくつか発生しているが、ここでは2006年9月14に提起された申立て（petition）を見てみよう。これは、ワシントンD.C.にある The Center for Food Safety（CFS：食品安全センター）という環境問題に関する非営利組織からの農務省に対する正式な書面による申立てである。

背景としてもっとも重要なポイントは、先に述べた3種類のLibertyLink米はいずれも商業化が予定されていなかったのにもかかわらず安全性審査がおこなわれていなかったLLRICE601が商業流通網の中に発見されたということにより、商品としてのコメが損なわれるだけでなく、規制当局である農務省による迅速な対応が必要というものである。そして、CFSはLibertyLink米を植物保護法（Plant Protection Act）における有害な病害（plant pest）と位置づけて法的行動を取ったことに注目していただきたい。

申立て内容の概要は以下のとおりとなっている。
- LibertyLink米は、その放出により植物および農産物に損害をもたらすため、植物保護法上の有害な病害として位置づけ、農務省が規制すべきである。LibertyLink米により引き起こされる環境面および農業面のリスクについては農務省が検討すべきである。
- LibertyLink米は、適切に審査されたのではないため、環境、農業の実践、

商品としてのコメに対する影響を避けるため厳格に規制すべきである。

そして、主張内容は以下の4点に絞られている。
1) 第一に、雑草の耐性増加への影響。すなわち、LibertyLink米は、農家の管理が困難となる除草剤耐性雑草やクロス・ポリネーション（交差受粉）による除草剤耐性のある雑草の増加、そして、グルフォシネートというひとつの除草剤への過度の依存による雑草全体の耐性増加といった影響をもたらす可能性があること。
2) 第二に、商品としてのコメの評価の問題。これは3つの側面にわかれている。第一は、LibertyLink米と通常の品種とのクロス・ポリネーションによる問題。第二は、アメリカ産のコメの輸入に与える純粋ビジネス上の問題。[74] わが国がアメリカ産長粒種の輸入を停止したことはもっとも明らかな影響であろう。そして第三は、アメリカ国内で成長しているオーガニック・ライスのマーケットに与える影響である。
3) 第三に、LibertyLink米の使用が増えれば、それにつれて除草剤グルフォシネートの使用が増える。つまり、ラウンド・アップ耐性を持つ遺伝子組換え作物の増加が除草剤ラウンド・アップの使用量を増加させたことと同じ現状が起こり、その結果として、生物多様性の減少、農業にとって有益な微生物等の減少といった事態が引き起こされる可能性がある。
4) そして第四に、環境への意図せぬ影響（unintended effect）の問題。そもそも1990年代にLibertyLinkの野外試験が実施されていた当時は、遺伝子組換え作物とのかかわりにおける有害物質、反栄養素、そしてア

---

[74] なお、わが国が国家貿易によりアメリカから輸入しているコメは中粒種あるいは単粒種である。一方、アメリカ国内におけるコメ産業は年間18.8億ドル規模に達し、その半分が輸出に回る。世界のコメ貿易に占めるアメリカのシェアは12%であり、アメリカのコメ輸出の80%が長粒種である。アメリカ国内でのコメの使用は58%が直接食用、16%が加工食品、16%がビール用、そして残りの10%がペット・フード用というのが、農務省の発表である。アドレスは
　　http://www.usda.gov/wps/portal/usdahome?contentidonly=true&contentid=2006/08/0306.xml　2006年11月14日アクセス。

レルゲンなどの生成といったものにはほとんど関心が払われていなかった。こうした点を含め、LibertyLink 米の意図せぬ影響に関して農務省は考えられるあらゆるリスクが払拭されるまでは厳格に規制すべきである。

そして、これらを具体的な法的要求として、以下の3つにまとめている。
- 農務省はすべての LibertyLink 米を植物保護法§7711[75] が定める有害な病害（plant pest）[76] と定めること。
- これにもとづき有害な病害のリストに LibertyLink 米を追加すること。
- LibertyLink 米は規制対象であり、その導入、散種、州間移動、輸送に

---

75 今回の申立てにおいてその根拠とされた植物保護法§§7711（c）（2）の原文は以下のとおり。「Any person may petition the Secretary of Agriculture to add a plant pest to, or remove a plant pest from, the regulation issued by the Secretary under paragraph (1)」そして、ここで示されているパラグラフ（1）とは「The Secretary may issue regulations to allow the importation, entry, exportation, or movement in interstate commerce of specified plant pest without further restriction if Secretary finds that a permit under subsection (a) of this section is not necessary」また、U.S.Code:Title7,§7711（a）の原文は以下のとおり。「Except as provided in subsection (c) of this section, no person shall import, enter, export, or move in interstate commerce any plant pest, unless the importation, entry, exportation, of movement is authorized under general or specific permit and is in accordance with such regulations as the Secretary may issue to prevent the introduction of plant pests into the United States or the dissemination of plant pests within the United States.」アドレスは http://www.law.cornell.edu/uscode/html/uscode07/usc_sec_07_00007711----000-.html 2006年11月14日アクセス。

76 ちなみに U.S.Code:Title7,§7702 で規定されている有害な病害（plant pest）の定義は以下のとおりである。「The term "plant pest" means any living stage of any of the following that can directly or indirectly injure, cause damage to, or cause disease in any plant or plant product: (A) a protozoan, (B) a nonhuman animal, (C) a parasitic plant, (D) a bacterium, (E) a fungus, (F) a virus or viroid, (G) an infectious agent or other pathogen, (H) any article similar to or allied with any of the articles specified in the preceding subparagraphs.」アドレスは http://www.law.cornell.edu/uscode/html/uscode07/usc_sec_07_00007702----000-.html 2006年11月14日アクセス。

ついては連邦法[77]の下で規制対象であることを決定すること。

本稿ではCFSから農務省に対するものだけを取りあげてきたが、常識的に見ても、本件の利害関係者はCFSだけではない。たとえば、日本と同様にEUでは、今回の混入が判明した直後にアメリカからの輸入対象長粒種について遺伝子組換え品種が混入していない旨の証明書を添付することを義務づけている。これによりアメリカのコメ生産者にとってEU向けの輸出ハードルはきわめて高くなっている。この結果、生産者から見ればバイエル社は、当該品種を開発するに際し注意が十分ではなかったことになり、「バイエル社の行為はコメ価格を予想できないほど下落させ、すべてのコメ生産者に経済的損害を与えた」ということになる。そして当然のことながら損害賠償を求める訴訟が提起されることとなったのである。これは先のスターリンクのときとまったく同じ展開である。

なお、本稿執筆中の2006年11月には、この問題についてきわめて注目すべき動きが見られたため、以下に簡単に内容を紹介しておきたい。

今回の問題が発生した後、バイエル社は農務省にたいして遺伝子組換え米（LLRICE601）を規制対象からはずす旨の申立てを行っている。同社はLLRICE601を商品化する計画はないとしながらも、なぜこのような申立てをしているのかが不明であったが、申立てを受けた農務省動植物検査局（APHIS）は手続きどおり9月8日から10月10日までの1か月間を公聴期間とし、一般からの意見を求めている。最終的に集まった意見はAPHISによれば15,871件に達したという。こうしたなかで、11月22日にワシントン・ポスト紙がLLRICE601に関する興味ぶかい記事を掲載した。[78]

---

77 具体的には7 C. F. R. § 340.0. "Restriction on the introduction of regulated articles" 原文は下記アドレス。http://a257.g.akamaitech.net/7/257/2422/11feb20051500/edocket.access.gpo.gov/cfr_2005/janqtr/7cfr340.0.htm　2006年11月16日アクセス。

78 Weiss, R. "Firm Blames Farmers, 'Act of God' for Rice Contamination", Washington Post, 2006年11月22日。アドレスは　http://www.washingtonpost.com/wp-dyn/content/

その内容は、同社にたいしてなされたコメ生産者からの集団訴訟にたいし、LLRICE601 の混入は「だれにとっても避けることのできないような不可避的状況 (unavoidable circumstances which could not have been prevented by anyone)」かつ「神の行為 (Act of God)」であり、そもそも「生産者の過失、注意不足、あるいはまた比較過失である (farmer's own negligence, carelessness, and/or comparative fault)」というきわめて強気の見解を発表したというものである。さらに、2日後の24日には APHIS 自体が、当該 LLRICE601 についてはすでに承認されているほかの遺伝子組換え米(LLRICE62 および LLRICE06)と同様、環境への重要な影響はないとの結論に達し、その結果、環境影響評価は必要なく、APHIS の監督なしで栽培可能であるとの判断を示したのである。加えて APHIS は、対象品目を規制対象からはずすということと、バイエル社が今回 APHIS の規制を遵守していたかどうかはまったく別のことであり、後者については現在調査中としている。[79] この内容は 12 月 1 日付の官報に記載されることとなった。そして、APHIS の発表翌日の 25 日には同じワシントン・ポスト紙が、今回の混入によりコメ価格は 10％低下し、生産者が受けた経済的損害は 150 万ドルに達しているとの内容を伝えている[80]。

さて、本件は今後まだまだ法廷での争いが継続していくと思われるが、まさに現代のアメリカで遺伝子組換え作物をめぐって実際に争われている内容であるとともに、今後のわが国にとって遺伝子組換え作物に関するさまざまな問題にたいし有益

---

article/2006/11/21/AR2006112101265_pf.html　2006 年 11 月 26 日アクセス。

[79] USDA-APHIS, "USDA Regulates line of genetically engineered rice", および "Finding of No Significant Impact", 2006 年 11 月 24 日。アドレスは　http://www.aphis.usda.gov/newsroom/content/2006/11/rice_deregulate.shtml　および　http://www.aphis.usda.gov/brs/aphisdocs/06_23401p_ea.pdf　いずれも 2006 年 11 月 26 日アクセス。

[80] Lee.C. "Genetically Engineered Rice Wins USDA Approval", Washington Post. 2006 年 11 月 25 日。アドレスは　http://www.washingtonpost.com/wp-dyn/content/article/2006/11/24/AR2006112401153_pf.html　2006 年 11 月 26 日アクセス。

な示唆を与えてくれている、きわめて興味ぶかい、そして無視できない現実の事例でもある。

　少なくとも、特定の耐性を備えた遺伝子組換え作物が通常の作物の生産・流通ルートの中に混入した場合の影響がいかに多方面にわたるかということの再認識、その場合の被害や責任の分担に関する具体的なルールや解決手法、当該作物が開発された当初にはほとんど想定されていなかった領域に影響がおよぶ具体的可能性、そして問題発生から解決に至る過程における双方の危機管理やコミュニケーションの方法などを十分に理解しておく必要があることは言うまでもない。

　さらに、故意・過失等を問わず一旦外部環境に放出されてしまった対象物を完全に取り締まることにはどうしても技術的限界がある以上、遺伝子組換え作物の社会的受容に関する本質的な議論よりは、「混入してしまえば認めざるをえない方針（approval by contamination policy）」という、なし崩し的な判断の流れに陥るリスクが高いことも押さえておく必要がある。

　もちろん、純粋科学的に安全性が確認されている場合もあろうが（ワシントン・ポスト紙の記事によれば9月8日時点ですでにAPHISはバイエル社にたいして暫定許可を与えている。この根拠も上述のとおり対象となる遺伝子がすでに安全性が確認されているものと同じであるからというものである）、正式なAPHISの発表がなされる前に、バイエル社のコメントとして「混入は農家の過失や注意不足、さらには神の行為だ」といったような見解が流れてしまえば、仮にそれが自然に飛散した花粉により生じたものであったとしても、直接経済的な被害を受けた生産者や一般消費者からの多大な感情的反発を招くのは必須である。危機管理とコミュニケーションの不手際から思わず「本音」が出てしまったという印象を拭い去るには相当な時間と費用、そして真摯な姿勢の継続を必要とすることになる。遺伝子組換え作物の問題が、技術的な側面だけでなく、経済的・社会的な側面を踏まえた上で、さらに環境に対する深い配慮が求められる理由は、まさにここにある。

では、次に遺伝子組換え牧草（アルファルファ）に関する訴訟を見てみよう。

2. 遺伝子組換え牧草(GMアルファルファ)訴訟[81]の経過と環境への影響

さて、こちらはたんなる申立て（petition）ではなく当局が行った具体的な行為の取消（rescission）を求める訴訟である。原告はオレゴン州の Geertson Seed Farms、サウスダコタ州の Trask Family Seeds のほか、カリフォルニア州のシエラ・クラブをはじめとする複数の環境関連非営利団体がまとまり、アメリカ農務省にたいし、遺伝子組換えアルファルファの承認（規制緩和）に関する取消・撤回と、適切な環境影評価の実施を求めたものである。

まず、予備的な知識として理解しておくべき点は、現在のアメリカにおけるアルファルファの生産量がトウモロコシ、大豆、小麦に次ぐ第4位であること。この牧草は年間 2,100 万エーカー以上の土地で作付され、総販売額は 80 億ドル以上に達していること。アルファルファのおもな用途は牧草としての乳牛の飼料であるが、その栄養学的特性から肉牛や豚、そのほかの家畜の飼料としてもおおくもちいられている。全生産量の 95％はアメリカ国内で消費され、輸出に回るのは5％程度であるが、輸出の 75％は日本向けとなっていることからもわかるように、この問題がわが国にとっても決して対岸の火事ではないことである。では、具体的な内容を見ていこう。

事の発端は、2005 年 6 月、アメリカ農務省は、かねてよりモンサント社とフォーレージ・ジェネティクス・インターナショナル社から要請されていた遺伝子組換えアルファルファを連邦法上の規制対象品目（regulated articles）からはずすという内容を承認したことにある。[82] もともと両社は 2004 年 4 月に農務省にたいし遺伝子

---

81 訴状の原文は以下のアドレスで参照可能。http://www.centerforfoodsafety.org/pubs/ComplaintAlfalfaAmended4.5.2006.pdf　2006 年 11 月 16 日アクセス。

82 70 Fed Reg 36917（2005 年 6 月 27 日）。アドレスは　http://frwebgate3.access.gpo.gov/cgi-bin/waisgate.cgi?WAISdocID=64779029204+0+0+0&WAISaction=retrieve　2006 年 11 月 16 日アクセス。

組換えアルファルファを規制対象からはずす旨の申立てを行っていた。これにたいし農務省（具体的にはAPHIS）は、定められた手続きに従い同年11月の官報において両社の申立て内容と環境影響評価を一般に公開する旨を発表し、賛否両論を含めた意見を求めたのである。

　指定された期間内に集まった意見総数は663件、このうち遺伝子組換えアルファルファを規制対象品目からはずすことに賛成した件数は137件、反対が520件であると同年6月27日付の官報は記している。残りは賛否いずれかに分類不可能であった内容であると推測できる。意見を述べること自体、自主的な行動にもとづいているため、単純に集まった件数の大小だけで本件に対する賛成・反対の一般的傾向を論じるのは不適切ではあるが、どのような人びとから意見があつまったかという点を見ると関心の高さがわかることは事実であろう。官報が記載している内容は、アルファルファや種子の生産者、有機農業を実施している生産者、畜産生産者、各種の生産者団体、消費者団体、農業関連の業界団体、大学の研究者、そして一般市民といった形で多岐にわたっている。

　農務省としてこれらの意見を踏まえて検討した結果、対象となる除草剤耐性を持つ遺伝子組換えアルファルファは、以下の6つの理由から規制対象品目からはずしても問題ないと結論づけたのである。その6つとは、1）病原となるような特性がなく、2）非遺伝子組換えアルファルファの親の系統あるいはほかのアルファルファよりも雑草化することが少なく、3）異種交配の可能性あるほかの耕作作物あるいは野生作物の雑草化の可能性を増加させることもなく、4）生のあるいは加工された農産物にたいして損害をおよぼさず、5）農業にたいして有益な絶滅の危機に瀕したあるいは絶滅した種や有機物に脅威を与えず、6）アルファルファおよびほかの作物の病害や雑草に対する耐性を減少させること、である。

　さらに、連邦環境政策法（NEPA：National Environmental Policy Act）および関連する手続きにもとづき必要な環境影響評価がおこなわれた結果、農務省としては当該遺伝子組換えアルファルファを規制対象品目からはずしたとしても環境にた

いして「重要な影響はない (no significant impact)」と結論づけたのである。[83]

　これにたいし、2006年9月16日に先に述べたGeertson Seed Farmsほかが原告として、連邦環境政策法および植物保護法に違反しているとして農務省を訴えるとともに、裁判所にたいしては、遺伝子組換えアルファルファが（規制対象品目からはずれ）商業化されることによる十分な環境影響評価をおこなうまで、先の農務省の判断を撤回することを求めたのである。

　原告側の主張は、食品安全センター（CFS：Center for Food Safety）のまとめた資料によればおおむね以下の3点に集約される。[84]

　第一に、除草剤耐性のある遺伝子組換えアルファルファの商業化を差止めること。これは遺伝子組換えアルファルファの導入と除草剤の使用によりグリフォサート耐性のある雑草を増加させる可能性があるため植物保護法に違反しているというものである。

83　ここではアルファルファを取りあげているが、じつは2006年4月14日には遺伝子組換えトール・フェスキュと同イタリアン・ライグラスが、2006年5月23日には同バヒアグラスが規制対象品目からはずれている。いずれもわが国の牧草関係者にとっては馴染み深い品種である。前者は71 Fed Reg 19477　アドレスは　http://frwebgate2.access.gpo.gov/cgi-bin/waisgate.cgi?WAISdocID=647650427958+0+0+0&WAISaction=retrieve　および後者は71Fed Reg 29606　アドレスは　http://frwebgate5.access.gpo.gov/cgi-bin/waisgate.cgi?WAISdocID=647693136950+0+0+0&WAISaction=retrieve　いずれも、2006年11月16日アクセス。

84　正式な訴状では原告は6点の請求を行っている。第1と第2はNEPA違反、第3はNEPAおよび行政手続法違反に関するもの、第4はESA（Endangered Species Act：絶滅に瀕した種に関する法律）違反で環境庁に対するもの、第5は同じESA違反で農務省に対するもの、そして第6が植物保護法および行政手続法違反のクレームである。ここでは、CFSが作成した簡単なまとめである"GE Alfalfa Lawsuit: Greetson Seed Farms, et al. v. Mike Johanns, et al"をベースに筆者が概要を3点にまとめて紹介した。訴状原文のアドレスは　http://www.centerforfoodsafety.org/pubs/ComplaintAlfalfaAmended4.5.2006.pdf　また、CFSのまとめについては http://www.centerforfoodsafety.org/pubs/Alfalfa_ExSum_revised.pdf　いずれも2006年11月16日アクセス。

第二に、農務省はこの遺伝子組換えアルファルファの導入に伴う徹底的な環境影響評価をおこない、それが終了するまでは導入を差止めること。想定される環境への影響としては、除草剤グリフォサートの使用量増加、除草剤耐性のある雑草の出現の可能性、非遺伝子組換えアルファルファに対する遺伝子組換え品種の混入などである。

　そして、こうした植物そのものに関する関心事項に加え、社会・経済的な影響として、アメリカ国内における有機農畜産物生産者のマーケットを喪失する可能性、有機農畜産物の生産者が混入を避けるため、あるいは自身のブランドなどを守るために非遺伝子組換え飼料を調達するためのコストの増加と、遺伝子組換え作物の輸入を認めていない、あるいは法的には認められていても、当該国の消費者や消費者団体がまだ受容レベルに達していない海外輸出市場の喪失が指摘されている。後者の中にはアメリカ産アルファルファの主要輸入国として当然わが国も含まれている。さらに、後者の環境影響評価をおこなう場合には、遺伝子組換え品種と非遺伝子組換え品種の分別生産流通をどのようにしておこなうのか、そしてその場合にはどの程度の費用がかかることになるのかといったことも検討事項となる。

　第三に、原告は、除草剤耐性のある遺伝子組換えアルファルファの導入により、絶滅に瀕した種にたいして、どの程度の影響があるのかについて、農務省および環境庁は連邦漁業・野生生物局（U.S. Fish and Wildlife Service）と協議すべきであるとしている。

　以上が提訴された内容の概要である。さて、原告団の中には西部資源カウンシル（WORC：Western Organization of Resources Council）という団体が含まれているが、その団体が、2006年2月に「ラウンドアップ・レディー・アルファルファについて知っておくべき10の事実」[85]という簡単な資料を作成している。その中か

85　WORC, "10 Things You Should Know About Rounup Ready Alfalfa", Feb.2006. アドレスは

ら、上記訴訟とは直接関連しないが、環境問題を考えるときに考慮しておくべき内容をいくつか紹介しておこう。

　除草剤使量の増加、交差交配（クロス・ポリネーション）や有機農業への影響といった点は同じであるが、とくに有機農業への影響については、オーガニック・ビーフやオーガニック・ミルクの生産コストの上昇という形で最終的には消費者へも影響がおよぶと想定されている。

　さらに、意外に思われるかもしれないが、蜂蜜産業への影響というものがある。米国蜂蜜協会のホームページでは、「アメリカには300種類以上の蜂蜜があり、ミツバチが訪れる花によってそれぞれの風味と色が異なっています」[86]と冒頭に明記されている。中には商品名そのものが「アルファルファ」という蜂蜜まで販売されている。もし、ミツバチが遺伝子組換えアルファルファを蜜源とした場合、蜂蜜の生産者、とくに輸出向けの生産者は相手国によっては自分の商品を検査せざるをえなくなる状況すら考えられるであろう。

　ちなみに、アメリカ産の蜂蜜の年間生産量は8万トン強、日本向け輸出は年間300トン強であるが、ミツバチや商品の特性を考慮した場合、このようなものに規制の網がかけられるのであろうか。先のWORCの別の資料[87]によれば、「ミツバチはラウンドアップ・レディー・アルファルファの遺伝子を、2.5マイル（約4キロ）離れた非ラウンド・アップ・レディー・アルファルファのもとに運ぶことができる」という。もはや、こうなってしまうと緩衝地域を設けるだけでは対応しきれない可

---

　　　http://www.centerforfoodsafety.org/pubs/10%20things%20about%20RR%20alfalfa.pdf　2006年11月10日アクセス。
86　米国蜂蜜協会HP。アドレスは　http://www.nhb.jp/varietal/varietal.html　2006年11月16日アクセス。
87　WORC, "The Problem with GM Alfalafa", Aug.2005. アドレスは　http://www.centerforfoodsafety.org/pubs/Alfalfa_WORC_Factsheet.pdf　2006年11月10日アクセス。

能性が生じてくる。[88]

　ここで紹介した訴訟については本稿執筆時点（2006年11月）ではなにも結論が出ていない。そもそも当局は一定の正式な手順を踏んで安全性に問題なしという判断を下したものであるだけに、これを覆すことはかなり難しいのではないかと思われる。そして、きわめて短期的な視点だけに限って見た場合でも、非遺伝子組換えのアルファルファや蜂蜜を望むという顧客とビジネスを実施している生産者にとっては、とてつもない形での負荷がかかることは事実であろう。隣人が正式に認可された遺伝子組換え品種を作付した場合、交差汚染を防ぐための費用と努力はすべて当該生産者の負担になるからである。

　なお、WORCの資料[89]は、モンサント社と生産者が締結する技術契約（Technology Agreements）について、「これらの協定の効果としては、生産者を生産者に対抗させ、当該商品により生じたいかなる損害もモンサント社には責任がないようにさせることである（The effect of these agreements is to pit farmer against farmer, and to let Monsanto off the hook for any economic damage caused by its product.）」というきわめて強烈な言葉で表している。こうした表現だけを見ると、かなり過激な印象を受けるため、次に、2006年シーズンにおけるモンサント社の技術契約サンプルの中から重要なポイントを列記しておく。技術契約のサンプル自体はきわめて印字が小さいことを除けば、わずか2ページの短い内容であるが、すべてのアメリカの生産者がこうした内容を熟読して契約を締結しているのかどうかについては疑問の余地があると言わざるをえない。

88　GMアルファルファのオーガニック農業に与える影響を簡潔にまとめたものとしては、たとえば、Pridham, J. "The Impact of Roundup Ready Alfalfa on Organic Systems", Organic Agriculture Center of Canada, アドレスは　http://www.organicagcentre.ca/DOCs/wc_sp_pridham.pdf　2006年11月13日アクセス。
89　WORC前掲資料中、"Unfair Liability" の項を参照。

3. モンサント社が締結する遺伝子組換え作物に関する「技術契約」の概要[90]

　以下にモンサント社とアメリカの生産者が締結した2006年版技術契約の要約を示す。

　契約書の頭には生産者の情報を記入するところがあり、住所、氏名、連絡先、Eメールアドレスなどに加え、おもな種子のサプライヤーを記入する欄がある。契約書本文はこれに続いているが、ゴシック体で強調された項目が15項目（以下では便宜上第1条から第15条と呼ぶが、実際には番号はない）あり、最後に生産者が日付と署名をおこなう欄が残されている。なお、以下は全文の翻訳ではなくあくまでもポイントをまとめているため、実際の契約本文とは異なっている。契約書本文をそのまま翻訳した場合には、括弧書き「　」にて内容を記すこととする。また、条文の中にははじめから注意を促すために大文字で記されている部分もあるが、本稿ではとくに注目すべき内容についてのみゴシック体で強調した。

第1条：契約の内容
　ここは、当該契約が生産者（You）と当社（モンサント社）との間で締結される2頁のものであることが記されている。

第2条：一般条項
　生産者の権利の移転は書面によるモンサント社の同意によらなければならないこと、そして、仮に書面による同意にもとづき権利が移転した場合には、権利を受諾したものが契約の適用を受ける旨が記されている。さらに、この契約の中のいずれかの内容が無効となった場合でも、残りの部分は有効であると記されている。また、契約した生産者は、通常TUG（Technology Use Guide）と呼ばれる技術使用マニュアルを当事者のいずれかが契約を終了するまで毎年受取ることができることなどが

---

[90] 原文は"2006 Monsanto Technology/Stewardship Agreement"。アドレスは http://www.farmsource.com/images/pdf/2006%20EMTA%20Rev3.pdf　2006年11月16日アクセス。

記されている。

第3条：生産者がモンサント社から提供を受ける内容
ここには以下の4項目が記されている。
- ライセンスの限定的な使用許可という形で、モンサント社の技術が含まれている種子を購入し作付することができることと、非選択性除草剤であるラウンドアップを当該作物に散布できること。あくまでも種子の遺伝子と技術はモンサント社に所属し、生産者はそれを使うことができるとされている。
- モンサント社の技術はアメリカの特許法で保護されていること、さらに、購入した種子を他国で作付したり、他国で購入した種子をアメリカで作付したり、種子そのものを他国に移動させることを禁止している。
- モンサント社の「ラウンドアップ報償プログラム」に登録されること。
- グリフォサート耐性のある大豆、綿花、アルファルファ、なたねといった作物にたいし、除草剤ラウンドアップを散布できること。

第4条：返送先
契約内容に合意した生産者が署名の後、契約書を返送する宛先が記されている。

第5条：特許の種類
モンサント社が当該作物に関して所有する特許の種類が製品ごとに番号で記されている。

第6条：生産者は以下のことに同意する（「GROWER AGREES：」）
全体で13項目が記されているため、簡潔に記す。「　」書きの部分は原文を翻訳した。
- 必要に応じて適切な市場向けに（モンサント社のさまざまな種子から選択し）穀物を生育・管理すること。
- 「もし、**生産者がラウンドアップ・レディー・アルファルファを成育す**

　　　　る場合、この契約の一部あるいはこの契約に含まれる種子および飼料契
　　　　約に合致した形で、ヘイあるいはヘイ製品を含むラウンドアップ・レ
　　　　ディー・アルファルファのクロップあるいは種子からつくられるすべて
　　　　の製品を管理し、規制当局の許可が与えられている国にたいしてのみ出
　　　　荷し、当該アルファルファを（次の）発芽のために植えたりしないこと。
　　　　詳細は技術マニュアルを参照すること。」
- トウモロコシおよび綿花における害虫防止プログラムを活用するために最新の技術マニュアルを使用すること。
- 「モンサント社の技術が含まれている種子は単一商業年度でのみ使用すること。翌年の作付のために種子を保存したり、種子から取れた種子をモンサント社がライセンス供与している種子会社以外のいかなる者にたいしても作付のために供給しないこと。」
- 「モンサント社の特許・技術が含まれている種子を、作付のためにほかの者およびほかの組織に供与しないこと。」
- モンサント社と書面で合意していないかぎり、いかなる形での種子生産も認められないことと、生産された種子は生産者が直接輸送することや、当該種子について勝手に調査、研究、育種等をおこなうことはできないことなどが記されている。
- モンサント社の種子についてはラウンドアップとして商標登録された除草剤あるいはラウンドアップがない場合には技術マニュアルに記されている正式に認められたものを使用すること。モンサント社としては他社が勝手に販売している同様の機能の除草剤を使用した場合には一切関知しないこと、その場合のクレームその他は、モンサント社ではなく、その類似品を発売している他社にたいしてなされるべきである旨が記されている。
- 適宜修正される技術マニュアルの内容を良く読み、指示に従うこと。
- 種子の購入はモンサント社が認めている種子会社から購入すること。
- すべての技術費用はモンサント社に支払うこと。
- 書面による申請により、農務省への各種報告をモンサントにレビューし

- 　　てもらうことができること。
- 　本契約における生産者の評価についてモンサント社に各種相談を受けることができること。

第7条：生産者は以下のことを理解する（「GROWER UNDERSTANDS:」）
この項目は全体で4項目が記されている。
- モンサント社の各製品（遺伝子組換え作物の種子）は、アメリカ国内においては食用および飼料用として承認されているが、国によっては一定の用途（たとえば飼料用では認められていても食用では未認可）により制限がなされているため、どのように従うべきかについても複数の確認先が記されている。
- モンサント社の技術は規制当局が承認した使用・目的のためにのみ使われなければならないことが記されている。そしてアメリカ国内においても州によっては一部の技術が認められていないため、内容を確認することが必要であると記されている。
- 契約の締結者はモンサント社が害虫防除管理（IRM: Insect Resistance Management）と呼ぶプログラムに則り対象作物を管理することが義務づけられており、これに違反した場合には、モンサント社の技術使用ができないことが記されている。
- 分別生産流通管理（IPハンドリング）については、技術マニュアルを参照すべきことが記されている。

第8条：モンサント社の救済
「もし生産者がこの契約に違反した場合、モンサント社は自社に対する救済とともに、生産者に対する技術供与をただちに終了することができる。その後、書面において個別の生産者氏名を明示した形での承認がモンサント社からなされないかぎり、モンサント社は当該生産者からの新規の技術契約の申請は受けつけない。モンサント社の意図が明確に表現されていない形のいかなる種類の合意も（ライセンス番号が発効されているか否かを問わず）無効となる。差止請求は、契約違反と損害

賠償の請求という形でおこなわれる。もし生産者が下記に記したアメリカ合衆国で認められているモンサント社の特許のひとつあるいはそれ以上に違反したことが法廷で明らかになった場合、生産者は、モンサント社が当該種子の生産・使用・販売・種子の販売をおこなうことを永久に差止めることおよび、連邦法（35 U.S.C. §271 他）で認められている特許侵害に伴う損害賠償を請求することに合意する。また、生産者は契約違反に関するすべての損害について責を負う。もし生産者が下記に記載されたアメリカの特許を侵害したり、あるいは本契約に違反したことが法廷で明らかとなった場合には、生産者はモンサント社および当該技術を供給することをモンサント社が認めた供給元にたいし、訴訟費用を支払うこととする。」

「生産者は、この契約書に署名をすることにより、あるいはモンサント社の技術が使用された種子の袋を開封することにより、以下の「通知要請（NOTICE REQUIREMENT）」、「限定保証および保証の否認（LIMITED WARRANTY AND DISCLAIMER OF WARRANTIES）」、そして「生産者の独占的限定救済（GROWER'S EXCLUSIVE LIMITED REMEDY）」の内容を受け入れることとなる。」

第9条：通知要請
　モンサント社あるいはモンサント社の技術を使用した種子を販売している業者にたいし、その種子の能力に関して申立て、法的行動、争いを提起したい生産者や関心を持っている者がいた場合、「生産者は書面により迅速かつ時宜に応じた形で（written, prompt, and timely）連絡しなければならない。」この場合、圃場調査を含め「問題を最初に発見してから15日以内におこなわれた場合のみ」が迅速かつ時宜に応じたという形と考えられている。なお、通知内容には問題の内容、モンサント社の技術の内容、対象となる種子の品種等を記載することとなっている。

第10条　限定保証および保証の否認
　「モンサント社の技術は、技術マニュアルの指示どおりにもちいられた場合にその能力を発揮することを保証する。この保証はモンサント社の技術が適用された種子をモンサント社あるいはモンサント社が認めた種子会社または種子ディーラーか

ら購入した場合にのみ適用される。ここで述べられた限定保証のほかには、モンサント社は、口頭であると書面であるとにかかわらず、いかなる保証もせず、ほかのすべての保証を否認し、商品性あるいは特定の目的の適合性に関する黙示の保証を含む、明示あるいは黙示の保証はおこなわない。」

第11条　生産者の独占的限定救済
「(契約、過失、製造物責任、厳格責任、不法行為そのほかにもとづく申立てを含む)モンサント社の技術の使用により生じたいかなる、そしてすべての損失、被害、あるいは損害に関する生産者の独占的救済およびモンサント社あるいは売り手の責任の限界は、当該種子の数量にもとづき支払われた価格、あるいはモンサント社および売り手の選択、そして種子の交換によるものとする。モンサント社および種子の売り手は、いかなる場合においても偶発的、派生的、特別な、あるいは懲罰的な損害にたいしても責任を負わないものとする。(IN NO EVENT SHALL MONSANTO OR ANY SELLER BE LIABLE FOR ANY INCIDENTAL, CONSEQUENTIAL, SPECIAL, OR PUNITIVE DAMAGES)」

第14条：管轄法
管轄法はアメリカ合衆国・ミズーリ州法である。

第15条：生産者によりなされた綿花関連の申立てに関する法的拘束力のある仲裁
綿花生産者から出された申立てについて、具体的な仲裁手続きの内容が記されている。

第16条：綿花以外の生産者の場合の管轄裁判所
基本的にミズーリ州東部地域セントルイスとなっている。(ちなみにモンサント社の本社所在地はセントルイス市である。)

以上が「技術契約」の概要である。自分を生産者の立場において条文ごとに細かい内容を検討していけば数おおくの疑問が出てくるのではないかと思う。とくに第

8条から第10条にかけては、この契約のもっとも重要な箇所である。他家受粉するトウモロコシの場合、生産者みずからがまったく知らないうちに特許で守られたモンサント社の技術が赤の他人のところに動いてしまうこともありえるであろう。仮に遺伝子組換えトウモロコシの花粉が飛来し、受粉した先がオーガニック農家の畑であった場合、そして、みずからは遺伝子組換え品種は使用していないと信じていたオーガニック農家の製品から遺伝子組換え品種が検出された場合のようなことを考えてみれば、これがいかにおおくの問題を含んでいるかがわかると思う。

さて、不思議なことに、わずか10年ほどのあいだに急速に拡大した遺伝子組換え作物の作付であるが、じつはこれまで紹介してきたような生産者と遺伝子組換え技術の提供企業との間の契約についての紹介や検討は依然として少ない。こうした技術契約の例ばかりでなく、おおくの場合、我われは問題が発生してはじめて自分が署名し締結した契約の詳細を読み直すことが多いのではないかと思う。ひとつひとつの契約は自由意志にもとづいておこなわれたものであったとしても、全体として大きな傾向となった場合に社会・経済・環境に与えるさまざまな影響が世界中で認められている以上、我われには、その根幹にある生産者と技術提供企業との間の基本的な「契約の内容」について、今後は一層の注意を払っていくことが求められている。

4. 小括

仮に将来の歴史家が過去を振り返ってみた際、20世紀から21世紀以降の農業が大きな転換点を迎えたのは1990年代後半という見解になるかもしれない。1996年にはじめて遺伝子組換え作物の商業生産が開始されて以来、実際問題としてその後のアメリカをはじめとした主要国の農業生産だけでなく、急速に穀物生産量を拡大させている一部の発展途上国が大きく遺伝子組換え作物に依存してきたことは、もはや規制事実となっており、「その是非はともかく」疑いようのない現実である。

この過程で、冒頭紹介したようなさまざまな議論が提起され、我われは科学技術

から国際貿易、さらには哲学や倫理の世界にまで発展する形の大問題を経験してきた。通常目にするニュースや文献はどうしてもアメリカおよび英語圏をベースとしたものが多いため、それなりに事態は収束しつつあるような印象を受けがちではあるが、一旦世界各国の実情を見れば、現在でも数おおくの異なる主張が混在している。そして、ここまで世界全体のフードシステムの中に遺伝子組換え作物が自然な形で組み込まれてしまうと、これに反対する意見や地域住民の動きは通常のメディアでは目にする機会がきわめて少なくなる。とくに、発展途上国においてどのような問題が生じているかといった話になると、それぞれ個別の国に関心を持つ個人がインターネットなどを活用して確認していくしかない。

　また、今回紹介した農務省レポートに使われているデータは現在のものばかりではなく、かなり古いものがもちいられている。10年を振り返って現在の状況を述べているはずであるのに、商業化直後の1997年当時の調査データをもとに10年間を総括することには、仮に結論は同じであっても方法論として違和感を覚える向きも多いのではないかと思う。

　たしかに商業化初期の1990年代後半には一般的な目新しさもあり数おおくの研究がなされていたが、10年を経た現在、似たような研究を今あらためておこなう意義があるのかという指摘はあるかもしれない。それでも、筆者としては、ここまで拡大した遺伝子組換え作物をめぐるさまざまな研究のフォローアップは、ますます求められている気がする。いつのまにか「既成事実」となってしまったのではなく、一定の普及がなされた段階での現在だからこそ、そして着実に生産者・経営者の世代交代が進展しているからこそ、定期的な追跡調査を実施しておくべきであると思う。

　農務省のレポートは、「農業バイオテクノロジーの最終的な貢献は、その潜在的な恩恵とリスク、また（恩恵の）分配を特定し計測する我々の能力にかかっている」と結んでいる。若干の私見として、ここでは「農業バイオテクノロジー」をたんに「日本農業」と置き換えてみたい。現在の我々が直面している状況も似たようなものであることがわかるであろう。

第3節
トウモロコシ産業の構造変化にともなう環境への影響

　アメリカ農務省（USDA）の一般向け情報誌である「Amber Waves」は、2006年4月号で「エタノールが変えるトウモロコシ・マーケット（Ethanol Reshapes the Corn Market）」と題する記事を掲載した。[91] 本章後半では、このレポートの要点を紹介するとともに、適宜数字を最新のものに置き換えながら、世界およびアメリカを中心とした最近のエタノールとトウモロコシに関するさまざまな動きを検討する。

1. 世界とアメリカのエタノール生産の現状

　2005年時点における世界のエタノール生産量は年間120億ガロン強であったが、このなかで年間10億ガロン以上のエタノールを生産した国は3ヵ国のみである。アメリカ（43億ガロン、ほぼトウモロコシから）、ブラジル（42億ガロン、さとうきびが中心）、そして中国（10億ガロン、トウモロコシと小麦が中心）である。このうち、ブラジルは2004年までは世界一の座を保っていたが、急増するアメリカのエタノール生産により2005年時点で生産量は僅差で2位に転落している。

91　Baker & Zahniser, "Ethanol Reshapes the Corn Market", Amber Waves, USDA-ERS, April 2004. アドレスは　http://www.ers.usda.gov/AmberWaves/April06/pdf/EthanolFeatureApril06.pdf　2006年8月24日アクセス。以下、注釈では農務省レポート②と記載する。

第3節　トウモロコシ産業の構造変化にともなう環境への影響

単位：百万ガロン

	エタノール主要生産国	2005	2004
1	アメリカ	4,264	3,535
2	ブラジル	4,227	3,989
3	中国	1,004	964
4	インド	449	462
5	フランス	240	219
6	ロシア	198	198
7	ドイツ	114	71
8	南アフリカ	103	110
9	スペイン	93	79
10	イギリス	92	106
	小　計	10,784	9,642
	世界合計	12,150	10,770

注：再生燃料協会、Industry Statistics、
URL http://www.ethanolrfa.org/industry/statistics/ 2006年8月24日アクセス

　再生燃料協会（RFA：Renewable Fuels Association）の資料[92]によれば、アメリカにおけるエタノール工場の数は2006年9月21日時点で稼働中が103工場、新規建設中が43工場の合計146工場に上り、このうち農業生産者が所有している（Farmer-Owned Plants）は50工場に達している。稼働中の103工場の生産能力合計は年間49.3億ガロン、新規建設・増加中の生産能力合計が30.2億ガロンであり、合計生産能力は79.5億ガロンと2000年1月の18.4億ガロン、2003年1月の31.9億ガロン、そして2005年1月の44.0億ガロンと比べてみても急増していることがわかる。そして、わずか3か月後の2006年12月29日時点には、稼動中110

---

[92] 再生燃料協会資料　2006年9月21日発表。アドレスは　http://www.ethanolrfa.org/industry/locations/　2006年9月25日アクセス。同様に2006年12月29日発表、アドレスは同じ。12月31日アクセス。

工場、新規建設・能力拡大中 81 工場となり、前者の生産能力は 53.9 億ガロン、後者は 60.0 億ガロン、合計生産能力は 113.9 億ガロンというとてつもない数字になっている。

アメリカにおけるエタノール生産工場の推移

	2000.1	2001.1	2002.1	2003.1	2004.1	2005.1	2006.1	2006.9	2006.12
工場数	54	56	61	68	72	81	95	103	110
生産能力 A（百万ガロン）	1748.7	1921.9	2347.3	2706.8	3100.8	3643.7	4336.4	4929.9	5386.4
建設中工場数	6	5	13	11	15	16	31	43	73
生産能力 B（百万ガロン）	91.5	64.7	390.7	483	598	754	1778	3015.5	6004.5
合計生産能力 A+B（百万ガロン）	1840.2	1986.6	2738	3189.8	3698.8	4397.7	6114.4	7945.4	11390.9

注：　再生燃料協会資料より作成。生産能力 B には既存工場の拡大工事分を含む。

さて、農務省レポート②が書かれた 2006 年 2 月時点で発表された今年のアメリカのエタノール生産量見通しは 44 億ガロンとほぼ容量一杯に見えたが、これはその当時建設中とされていた工場分 21 億ガロンが含まれていないため、レポートではこれを考慮して 3 年後の 2010 年には 70 億ガロンという規模のエタノール生産が可能となると言及されている。ところが、表に記したとおりすでに 2006 年 9 月時点の数字は農務省の予想を上回るペースで進展していることを物語っている。もちろん、その中心はトウモロコシである。

さて、以上のような状況に直面した場合にだれもが感じる疑問は、1) 今後どの程度のトウモロコシが必要になり、アメリカ自体、本当に必要なトウモロコシを確保できるのだろうか、2) トウモロコシを輸入している日本などの立場から見れば、今後我われは十分なトウモロコシを確保できるのであろうか、そして 3) そもそも、

第3節　トウモロコシ産業の構造変化にともなう環境への影響

　ここまでエタノール・ブームが大きくなっていくなかで環境に優しい原料とはいえ、環境問題その他は本当に大丈夫なのだろうかという点が考えられる。

　ちなみに、最初の疑問の前提は、現在の最新技術でトウモロコシからエタノールをつくる場合、1ブッシェル（約25.3キログラム）のトウモロコシから2.75ガロンのエタノールができるという簡単な事実にもとづいている。[93] ここで114億ガロンのエタノールをつくるために必要なトウモロコシの数量を計算してみよう。114億ガロン÷2.75 = 41.5億ブッシェル（=約1億500万トン）である。結論を簡単に言えば、仮にこの数字が現実のものになるとアメリカは国内飼料用需要（約60億ブッシェル）とエタノール需要（41.5億ブッシェル）、さらに自国内で必須とみられる食品・種子用の約14億ブッシェルだけでトウモロコシの合計使用量が115億ブッシェルをうわまわり、現在の年間生産量以上の水準に達することになる。今のところ、農務省はトウモロコシの輸出数量を21.5億ブッシェルと見とおしているが、エタノール工場の生産能力の急増という状況をみるかぎり、輸出向けのトウモロコシがいったいどこから出てくるのかは不明である。

　もちろん、各年の需給バランスは技術の進歩により生産量そのものが増加する可能性やアメリカ産以外にも他国の輸出余力が増加する可能性など、数おおくの変動要素がからんでくるため簡単に予想することはできない。それでも、アメリカの国内飼料用需要とエタノール需要だけで100億ブッシェル以上が必要となる時代がすぐ目の前まで来ているということを、年間1,600万トンという世界最大のトウモロコシ輸入国である日本として、関連業界を含め真剣に今後の対応策を考慮しておく

---

[93] 2006年2月に再生燃料協会に提出されたLECG LLCのJohn M.Urbanchukによるレポート "Contribution of the Ethanol Industry to the Economy of the United States" 4ページでは、今後、技術が向上するにつれ、2015年ごろまでにこの比率は2.75から3.0程度まで上昇する可能性あるとの指摘もあるが、現時点では一般的にもちいられている2.75をもちいた。その場合でも、エタノール生産にもちいられるトウモロコシの数字は30億ブッシェル程度と見積もられている。アドレスは http://www.ethanolrfa.org/objects/documents/574/ethanol_economic_contribution_022006_r.pdf　2006年8月24日アクセス。

べき重要な局面にきていることはまちがいないと思われる。

2. アメリカのトウモロコシ需給の基本構造

　2006年11月に発表された農務省の需給見通しでは、今年（2006／07）のトウモロコシ生産量見通しは107億4,500万ブッシェル（単収151.2ブッシェル／エーカー）となっている。一方、需要面において、エタノール需要は21億5,000万ブッシェルと、今年2月時点の長期見通し（以下、ベースラインと呼ぶ）数量である19億ブッシェルをすでに大きく上回っている。[94]

　ベースライン自体は昨年秋時点の状況を基本にしているため、最新見通しとの数字の乖離はつねにありえることだが、それでもエタノール生産が依然として強い上昇基調を継続していることは見て取れる。そして、この需給見通しでは、昨年、一昨年と20億ブッシェルを越えていた期末在庫数量が、2006／07年度末（2007年8月）には12億ブッシェル前後へと大きく減少し、需給はふたたび適正以下の状況に戻ることが示されている。[95]

　もはやエタノールは、かつてのように「その他用途」に近い形の需要ではなく、輸出需要を抑え、最大の飼料需要に次ぐ第二位の地位を完全に確保していることに留意しておくべきであろう。ベースラインでは、2015／16年度におけるとうもろこしのエタノール需要は29億ブッシェルとなっているが、先に述べたとおり、すでに2006年9月時点で建設中を含めたすべての工場がフル稼働すれば十分に達成可能な数字となっている。

94　USDA, "USDA Agricultural Baseline Projections to 2015", 2006年。36ページ。アドレスは
　　http://www.ers.usda.gov/publications/oce061/oce20061.pdf　2006年9月25日アクセス。
95　World Agricultural Outlook Board, "World Agricultural Supply and Demand Estimate", 2006
　　年9月。アドレスは　http://www.usda.gov/oce/commodity/wasde/latest.pdf　2006年9月12
　　日アクセス。

3. トウモロコシ生産地における需要構造の変化と原料調達上の課題

　エタノール生産の急増という状況が産地に与える影響について、先の農務省レポート②はいくつかの興味ぶかい可能性を示唆しているが、ここでは次の3点を紹介する。

　第一に、マーケットにおいてエタノール工場がほかのトウモロコシ需要者（国内飼料用、輸出向けなどなど）と競合するというものである。[96] 結果としてなにが起こるかは明らかであろう。当然、トウモロコシの買付価格が上昇する。長期見通しの生産量を前提とすれば、生産量に占めるエタノール需要の割合は急速に上昇し、2015年には全体の四分の一程度にまで達する見込みである。もっともこれ自体は先のベースラインでも似たような傾向を見ることができる。ポイントは、ベースラインが需給をバランスさせるために、たとえば2015年の場合には単収163.9ブッシェル、生産量126億5,500万ブッシェルという前提を置いていることである。繰り返すが2006/07年度の単収は151.2ブッシェル、生産量は108億ブッシェル弱である。農務省は全米平均で現在よりも10ブッシェルの単収増加を前提とした見通しを出しているのである。[97]

　第二に、エタノール需要の急増に伴い「割りを食う」のは輸出需要というのが、今のところレポートに記されている見通しである。[98] 輸出相手国にはもちろん、日本も含まれているが、日本や台湾はすでに十分な購買力があるため、トウモロコシ価格の上昇に伴う影響ももっとも少ないであろうとされている。

　この点に関しては疑問がない訳ではないが、一方で、レポートではエジプト、中

96　農務省レポート②、33ページ。
97　もっとも、過去2004/05年度には全米平均単収が160.4ブッシェルを達成した事実がある以上、まったく不可能な数字という訳ではないだろうが、生産に必要な自然的・人為的なすべての要素を最大限に出し切る形に近くなることは明らかであろう。
98　農務省レポート②、33ページ。

央アメリカ諸国、カリブ海諸国といった国々は国内でのトウモロコシ生産量が増加するか、あるいは代替品への転換、使用量の減少といった状況に追い込まれると見通されている。また、先進国のなかでもカナダの場合には、アメリカのトウモロコシ価格が上昇すれば、国内でのとうもろこし生産量も増加する可能性は十分に考えられると言及されているが、どこまで楽観視していられるかは疑問である。同じ点を日本について言えば、仮にトウモロコシの価格が大きく上昇した場合に、市場価格でいつまで買い続けることができるのかという問題や、家畜飼料としての栄養価を考慮した上で価格優位性があるほかの穀物や他産地産の穀物にいかに機動的に対応できるかが求められることになろう。

　第三に、アメリカのトウモロコシ価格が上昇し輸出が減少することにより利を得るのは、アルゼンチン、ブラジル、中国といった国々となる。また、現在自国内の主要な生産地域が需要地域から離れているメキシコの生産者にとっても価格上昇は競争力回復の機会となるかもしれないとの指摘がなされている。[99] これもほかの生産国が順調に生産を継続している場合という前提の上でのみ成立する仮定にすぎない。

　結局のところ、これらの国々とて国内需要が自国産でまかなえない場合には輸入が必要となり、少なくとももっとも安定的に一定数量のトウモロコシを輸出してきた実績があるのはアメリカである以上、アメリカの輸出絶対数量が減少する過程では、だれもが「輸出余力のある他国産を買うか」「高い価格を払ってなんとか買いつけるか」「ほかの穀物で代替するか」といった選択に直面することとなる。そして、上記第2点で検討した日本と同じ状況に必然的に追い込まれる可能性が高い。

　さて、ここで農務省レポート②では言及されていない実態を見てみよう。現在のトウモロコシをめぐる複雑な「取りあい」の状況をよく表している事例である。

　アメリカ中西部のコーンベルトのなかでもイリノイ、インディアナ、オハイオの

99　農務省レポート②、33ページ。

各州は東部コーンベルトと呼ばれている。この三つの州の南部はオハイオ川によってケンタッキー州と隔てられており、オハイオ川はイリノイ州南部のケイロ (Cairo) という町でミシシッピー川の本流に合流する。アメリカからの輸出穀物、とくに中央から東部コーンベルトのとうもろこしはミシシッピー川およびその支流であるオハイオ川やイリノイ川をはしけ (barge) に積み込まれて南下することにより、海外への輸出ルートに乗ることになる。冬季になるとミシシッピー川本流の北部は凍結するが、その場合でもオハイオ川は凍結することがなく円滑な穀物流通、とくに輸出用穀物流通の要となっていることをまず押さえておきたい。

問題はオハイオ川南部のケンタッキー州である。日本人が持つこの州に対するイメージとしてはダービー、ウィスキー、ブルーグラスなどなどがあるが、じつはこの州はノース・キャロライナ州に次ぐ全米第二位のタバコの生産州でもある。やや古い数字だが、2002年の農業センサスによれば、全米のタバコ生産量8.7億ポンドのうち、ノース・キャロライナ州が3.5億ポンド、ケンタッキー州が2.2億ポンドで、この2州が全体の3分の2を占めている。そして、ノース・キャロライナ州のタバコ農場数が7,850であるのにたいし、ケンタッキー州は29,237ときわめて多い。[100] センサスではケンタッキー州の全農場数は86,541という数字が示されているため、タバコ農場はケンタッキー州の全農場の3分の1を占めていたことになる。[101]

歴史的にみた場合、ケンタッキー州のタバコ生産量は1950年代以降、各年の変動はあるが、おおむね3〜5億ポンドの間で推移していたが、2000年以降は急減し2億ポンド水準に落ち込み、2004年の生産量も2.1億ポンドとなっている。[102] 売上高は1980年代前半の最盛期には10億ドルを超えたこともあったが、現在では大

---

100 USDA, "2002 Census of Agriculture", United States、293ページ。アドレスは http://www.nass.usda.gov/census/census02/volume1/us/st99_2_025_025.pdf 2006年9月25日アクセス。
101 USDA, "2002 Census of Agriculture", Kentucky、428ページ。アドレスは http://www.nass.usda.gov/census/census02/volume1/ky/st21_1_009_010.pdf 2006年9月25日アクセス。
102 USDA-NASS. "KENTUCKY: Agricultural Statistics. 1909-2004"、4ページ、2004年12月。アドレスは http://www.nass.usda.gov/ky/Cen02/Ky.pdf 2006年9月25日アクセス。

きく落ち込んでおり、2005年の売上高は3.4億ドルにまで減少している。[103]

　農業統計を見ているとおおくの場合、農場数については「前年に比べて減少」という傾向が目につく。中小規模の農場が淘汰され規模拡大により農場数は減少するが、1農場あたりの耕作面積や生産高は増加するというのが一般的な傾向である。タバコ農場も例外ではない。ところが、同じケンタッキー州でも農場数が「著しく」増えている分野が存在する。

　それは「家禽」、より詳しく言えば「ブロイラー」農場である。1997年のセンサスではケンタッキー州のブロイラー農場は640農場であったが2002年には925農場となっている。[104] わずか285農場の増加と見てはいけない。センサスの対象時期だけで同州の飼養羽数は21百万羽から45百万羽と倍以上に増えているのである。

　さて、2002年にケンタッキー州でと畜されたブロイラーの羽数は年間2.7億羽である。[105] 生育期間を仮に60日とした場合、年間6回転、2.7億羽を6で割れば45百万羽ということになり、ある一時点の数字としてはほぼ近い数字を得ることができる。ちなみに2005年のと畜数はさらに増え、2.8億羽である。家禽のと畜羽数はアメリカ全体でも1997年の12億羽から2002年には13.9億羽へと増加しており、ケンタッキーとともにアラバマ、ジョージア、ルイジアナ、ノース・キャロライナ

103　Snell, W & Goetz, S., "Overview of Kentucky's Tobacco Economy", University of Kentucky, 1997. アドレスは　http://www.ca.uky.edu/agc/pubs/aec/aec83/aec83.pdf#search=%22Kentucky%20tobacco%20production%22。

104　USDA, "2002 Census of Agriculture", United States、359ページ。http://www.nass.usda.gov/census/census02/volume1/us/st99_2_013_013.pdf　2006年9月25日アクセス。なお、ケンタッキー州が出している Kentucky Census of Agriculture Highlights,1974-2002 によると、1997年の農家数は314、2002年には669となり食い違いが見られる。ただしブロイラーおよびほかの食肉用チキンの販売数は1997年が112百万羽、2002年が271百万羽となっていることから、いずれにせよこの5年間で倍増以上に伸びていることはよくわかる。

105　USDA, "Kentucky Census of Agriculture Highlights, 1974-2002",　http://www.nass.usda.gov/ky/B2005/p020.pdf　2006年9月25日アクセス。

第3節　トウモロコシ産業の構造変化にともなう環境への影響

といった州がその中心となっている。

農業センサスに見るブロイラー飼養羽数の変化（百万羽）

	2002	1997	増加数
ジョージア	205	158	47
アラバマ	158	139	19
ノース・キャロライナ	149	117	32
ルイジアナ	45	24	21
ケンタッキー	45	21	24
5州計	602	459	143
全米	1389	1214	175

　ここで記した上位3州は昔からブロイラー生産地として有名な地域であったが、ケンタッキー州がここまで急速に伸びてきている理由は先に述べたタバコと無関係ではない。同州のタバコは農家の主要な換金作物（Cash Crop）としてつくられていたし、最盛期がすぎた2001年同時ですらタバコの売上げは5.7億ドル、2004年にも4.2億ドルを記録している。[106] もともと、タバコの作付は生産割当が採用されていたが、1998年以降、各農家への生産割当は大幅に減少した。そして、これに代わるものとして当局が奨励したものが養鶏であり、ここに地域経済の活性化のため誘致されたタイソンフーズ社を中心とした大規模養鶏企業という新たなプレーヤーが加わったのである。[107]

106　USDA, "Kentucky Cash Receipts from Farm Marketings 2001-2003" および同 2002-2004。アドレスは　http://www.nass.usda.gov/ky/B2004/p101.pdf　および　http://www.nass.usda.gov/ky/B2005/p102.pdf。ちなみに先に述べたとおり2005年のタバコの売上高は3.4億ドルにたいし、ブロイラーは7億ドルである。http://www.ers.usda.gov/StateFacts/KY.htm　いずれも2006年9月25日アクセス。
107　たとえば、タイソンフーズ社は1996年にハドソンフーズ社の跡地に新加工工場を建設して操業をはじめている。

大規模な養鶏企業はおおむね同州の西部に集中している。つまり地図で言えば先に述べたオハイオ川の下流に向かっている。さらに、ケンタッキー州の南部には大後背地としてアメリカ南東部の巨大な養鶏地域が控え、その飼養羽数は全米で1997年から2002年の5年間だけで全米で1億5,700万羽も増加している。伝統的な養鶏地域とは異なり、急速に畜産地域へと変化した同地域周辺においては排水や悪臭といった環境問題[108]とともに、飼料用トウモロコシの需要が急増したことは明らかであろう。

　従来、この地域のトウモロコシ価格は、伝統的な地場の飼料需要のほかはオハイオ川の河川流通を主体とした輸出需要と、鉄道による南東部の飼料需要という力関係で決められていた。それが、急速に増加したエタノールの原料需要と、南東部から拡大してオハイオ川沿いに展開したブロイラー生産に伴う飼料需要の増加という新たな要素が加わることになった。そして、このブロイラー生産の背景には、マクロで見ればアメリカ全体の家禽肉需要の増加があり、地域的に見れば、ケンタッキー州の現地農家のタバコから養鶏への転換と、それと並行したブロイラー加工工場の進出という流れが存在すると言えよう。

4. 飼料原料から工業原料へとシフトする生産者の選択

　さて、先に述べた農務省レポート②では、増加するエタノール向けとうもろこし需要に対応する穀物生産者の取りうる方法として、いくつかの可能性を紹介している。

　第一に、トウモロコシ生産性の一層の向上による生産量増加が期待できること。[109]すでに1エーカーあたりの単収は2004/05年度には過去最高の160.4ブッシェルと

108　環境保護団体であるシエラ・クラブとタイソンフーズ社との訴訟、さらに「ケンタッキー州西部鶏舎巡り「悪臭ツアー」と題した同地域の状況については、Stull & Broadway, "Slaughterhouse Blues" 邦訳「だから、アメリカの牛肉は危ない！」山内一也監修　中谷和男訳　河出書房新社　2004年　232-239ページに紹介されている。
109　前掲農務省レポート②、34ページ。

いう水準を達成している。全米平均は年により多少の増減はあろうが、着実に150ブッシェル以上の水準で推移していくであろうとの見通しであるが、これは種子の開発、天候といった要素とも密接に関連してくるため、つねに達成できるとはかぎらない。さらに、いよいよとなった場合、環境保全のために現在土壌保全計画に入れられている休耕地までもがエタノール向けトウモロコシの生産用に振り向けられるのではないかとの可能性も否定できない。

　第二に、トウモロコシ中心の作付へのシフトという選択もある。[110] 輪作障害というリスクはあるものの、現行のおおくの農家が実施しているトウモロコシと大豆を交互に植える方式から、二年続けてトウモロコシを植え、三年目で大豆を植える方式や、毎年トウモロコシのみを植える可能性などが指摘されている。

　この点についてもここまで簡単に言い切ってしまってよいものかどうか、疑問は尽きない。実際問題として、アメリカ中西部コーンベルトの典型的な作付パターンは、かなり長い間トウモロコシと大豆を交互に作付してきており、これをトウモロコシのみに変えた場合、マクロ的にどの程度の環境への影響が生じるかについてさまざまなことが言われてはいても現実の影響はだれにもわからないのではないかと思われる。もちろん、現実の作付は最終的には個別農家の判断となろうが、（工場を動かすため）一定価格で継続的な買いつけをしてくれる買い手が身近に現れた場合、目の前の「誘惑」を断ち切り、生態系への影響を熟慮はしても実際に行動に移す農家がどの程度存在するかについては疑問が残る。[111] ブラジルではすでに大豆だけの作付によるさまざまな悪影響が報告されている。アメリカの農家は自信を持って「ブラジルとは違う」と言い切れるかどうかは疑問である。

110　前掲農務省レポート②、34ページ。
111　現在稼動している工場および建設中の工場の約3分の1に相当する50工場の出資者はほかならぬ穀物生産者である。自分が出資した工場の運営のために一定の穀物を確保するのは出資者として当然の行為であろう。

この問題はアメリカだけに限らない。ブラジルや中国だけでなくインドやそのほかの国々でもエタノール工場の建設は進んでいる。さらに言えば、一方で、食肉を生産するための飼料需要も増加している。そもそも本来はそのままで人間が口にできるトウモロコシではあるが、これまで以上に増加する飼料需要と工業用需要にますます振り向けられていく仕組みが着実にできつつあるなかで、今後、我われは自分達の食料を本当に確保していけるのだろうかという根本的な疑問がますます大きくなっている点を指摘しておきたい。

第三に、現在はコーンベルトのおおくの地域でそのままにされている収穫後の茎、芯、葉、根といった残渣（ストーバー・Stover）をエタノール生産に有効利用するという可能性がある。[112] たとえば、トウモロコシを収穫した後に残る芯の部分など、わが国ではコーンコブという形で単味飼料として昔から流通しているが、アメリカのおおくの畑では収穫後の畑にそのまま放置されていることを目にした方も多いのではないかと思う。

筆者も日本からの訪問者とともに中西部を訪問すると、毎回のようにこの残渣をなんとかうまく使えないか、もったいない……という声を聞いてきたが、たんなる飼料原料としては、収集・輸送・加工コストがかかりほとんど手がつかない状況であった。つまり、従来はこうしたストーバーを輸出に回す、あるいはほかの用途に活用することなどは経済的なメリットがほとんど無かったのである。

ところが、エタノール需要の増加はアメリカ国内で異なる需要をつくりだす可能性がある。この農務省レポート②では、1エーカーのトウモロコシ畑からは乾物ベースで5,500ポンドのストーバーが出され、これはエタノール180ガロンを生産するのに十分な量であると説明されている。机上の計算だけで言えば、8,000万エーカーのトウモロコシ作付面積のわずか一割、800万エーカーのストーバーが活用されただけで14億ガロンのエタノール生産が可能になる。

---

112 前掲農務省レポート②、34ページ。

ただし、これまでは収穫後の畑にそのまま放置されることにより、表土流出を防ぎ、有機物を土壌に与えるといった効果があったストーバーを綺麗に取り除くとなると中長期的な環境への影響をも考慮する必要があることも同時に述べられている。

5. エタノール生産の副産物ビジネスと穀物流通システムの変化

エタノールの副産物のなかでもっとも期待されているものはDDGS（Distillers Dried Grain Soluble：トウモロコシ蒸留粕、発酵残渣とも言う）であろう。この商品は何年も前から既存の大豆粕の代替品としてだけではなく、独立した原料としても飼料・畜産業界を中心に注目を集めていた。現在のアメリカでは、肉牛・乳牛の飼料原料としての活用が中心であるが、家禽あるいは豚向けの飼料原料としても活用されている。再生燃料協会の資料によれば、75〜80％が牛用、18〜20％が豚用、3％程度が家禽用となっている。[113]

さて、56ポンドのトウモロコシからドライ・ミリングの工程でエタノールを作った場合、DDGSが17.4ポンドできるという。つまり約三割が副産物となる。そして、2005年の全米のDDGS生産量は900万トンと2000年の270万トンから急速に増加している。ここまで数字が増加すると、従来は地場消費だけでまかなわれたDDGSにたいし、海外のバイヤーも積極的に目を向けはじめ、すでに東南アジア向けなどでは実際の輸出がおこなわれている。

ただし、生産地から輸出港までの輸送コストや、輸送中、とくに夏場の固結問題などに加え、業界としての統一品質基準がないことなど新規原料故に乗り越えるべきハードルは多々存在していることも事実である。もちろん、エタノール工場にとっても、副産物を有効に販売することができれば収益性の改善にも繋がるため、DDGS

---

[113] 再生燃料協会ウェブサイト "Industry Resources: Co-products", http://www.ethanolrfa.org/industry/resources/coproducts/ 2006年9月27日アクセス。

の販売面においても、今後ますます工場ごとの競争が厳しくなっていくであろう。

また、DDGSそのものが畜産農家をターゲットとした飼料であるということから、そもそもエタノール工場を大型畜産農場の近くに作ってしまうという選択肢も可能であろう。現在でもDDGSの20～25%程度はいわゆるウェット・タイプと呼ばれる水分量の多いものである。大型の畜産農場が近くにあれば副産物販売と飼料給餌という双方にとって都合が良いことになる。これは、産地 ⇒ カントリー・エレベーター ⇒ ターミナル・エレベーター ⇒ 輸出エレベーターあるいは米国内食品企業や畜産農家といった形で知られてきた従来の教科書的なアメリカの穀物流通システムの一部が大きく変化する可能性を示唆している。

すでに新規エタノール工場の立地の選択は、原料トウモロコシの集荷可能性の検討だけでなく、DDGSのような副産物の販売までを視野に入れた上でおこなうことが当然の検討事項となっている。その結果、特定地域において、たとえばほぼ寡占あるいは独占的な買いつけを行っていた伝統的なカントリー・エレベーターの集荷が困難になる、場合によっては閉鎖されるということや、これまでとは異なった形、あるいはこれまでは考えられもしなかった異なる分野間の企業同士の連携なども地域によっては起こりうると思われる。

なお、エタノールは、水や不純物を吸収しやすいというその商品特性から、パイプラインのような施設を使った長距離輸送には不向きと考えられている。このため、貨車、トラック、はしけなどに付設されたタンクにより輸送され、タンク・ローリー内のガソリンに直接混合され、各地のガス・ステーションに配送されるのが一般的である。

6. トウモロコシ以外のエタノール生産の新規原料の可能性

アメリカのエタノール生産の中心はトウモロコシを原料としたものであるが、トウモロコシ以外にもマイロ（コウリャン）などからエタノールを生産することは可能である。実際、すでに全米のエタノール生産の3%程度はマイロを原料としてい

る。

　ここで、長いこと飼料穀物業界にいた筆者の体験から見て非常に興味深かった点をひとつ指摘しておきたい。原料としての飼料穀物の流通段階においてはトウモロコシとマイロの混合などということは、通常はもちろん歓迎されない。家畜飼養学の伝統的テキストではマイロの栄養価はトウモロコシの九割であり、マイロが混ざることは、その点だけについて言えば好ましくないと理解されていたし、なによりも予期せぬ混合（コンタミ）と理解されている。

　ところが、エタノール工場の立場から見れば、トウモロコシとマイロが多少混合しようがあまり関係ない。また、飼料用需要とは求める品質規格、たとえば発酵しやすい品種などが好まれることになる。手間が少ないという点では生産者にとってかなり楽であるし、工場側にとっても原料管理という点で分別管理の必要性が無くコスト的にも相当助かるのではないかと思われる。

　最後に、今後どの程度の期間においてトウモロコシがエタノール生産のための主要原料であり続けられるのだろうか。この点についてひと言触れておきたい。結論を言えば、すべてはセルロース系バイオマスからのエタノール生産がどの程度の早さで、そして経済的・商業的にも成立する形で実用化するかにかかっていると言っても言いすぎではないであろう。

　この方法は、簡単に言えば、木材などの植物系廃棄物の主たる細胞壁構成成分の半分を占めるヘミセルロースやリグニンを除いた後、残りの半分の成分であるセルロースを加水分解してグルコースを得る。このグルコースを発酵させることによりエタノールを得る方法である。さらに、植物系の廃棄物はうまく再生すればその過程で二酸化炭素の吸収機能があることなどから環境に優しい方法としても注目されている。

　アメリカ農務省とエネルギー省は、21世紀のなかばまでには、年間乾物ベース

で13億トンのバイオマス飼料を生産するとも言っている。そして、2005年のエネルギー法は、2012年の終わりまでに少なくとも2億5,000万ガロンの再生燃料をセルロース系バイオマスで生産することを定めている。現在のところ、まだまだ低コスト技術は一般化しておらず、トウモロコシの天下は当面継続しそうであるが、仮にこの技術が商業的に成立するコストで開発・普及した場合、トウモロコシはあくまでもエタノール生産用原料の中のひとつにすぎなくなる。

7. 小括

10年前にようやく商業化された遺伝子組換え作物は、今や世界全体の穀物作付の約4分の1、国や品目によっては9割近い普及を見せている。アメリカ中西部のコーンベルトにとってエタノールは、遺伝子組換え作物と同様に、過去10年間で伝統的なバルク穀物の生産・流通といったフードシステムにたいしもっとも大きな変化をおよぼした商品のひとつである。この間、地域の農協組織や生産者グループ、そしてもちろん民間企業も含め、コーンベルトの真ん中に続々とエタノール工場が建設されてきたし、今でも建設されている。そして、エタノール工場建設は「現代のゴールド・ラッシュ」とまで言われている。

この結果、伝統的なトウモロコシの需給バランスは、かつてわずかであった工業用需要という分野を今や飼料需要に次ぐ位置に押しあげた。この動向は当分変わりそうもない。この背景には国際情勢や技術の変化、そしてそれを後押しするエネルギー法や有限責任会社（LLC：Limited Liability Company）制度の活用といった法的枠組みの変化があることも認識しておく必要がある。

一方、こうした状況はわが国のような輸入者サイドから見れば、マクロ・ベースでの今後のアメリカの輸出余力という問題と、現実の内陸産地における集荷・買つけにおいて従来の国内飼料用需要とは別にエタノール需要という強力な競争相手が急成長していることを意味する。

今のところ、従来の輸出向け需要を扱っていた業者達はこうした新しい競争相手にたいして地域ごとに正面から競争せざるをえない場合が多い。ただし、中にはみずからエタノール工場に投資や出資をして稼働率の悪い伝統的な産地のカントリー・エレベーターを再編していくといった両建ての戦略をとっているところもある。どちらの戦略が結果として良いかはエタノールをめぐる状況自体が急速に変化しているため、まだまだ予断を許さない。それでも、今後、仮にエタノールの生産原料として圧倒的な地位を占めているトウモロコシを脅かす可能性があるとすれば、それは第一に、セルロース系バイオマスによるエタノール生産の低コスト技術の開発如何、そして第二に環境問題からのプレッシャーということになるのでないかと思われる。

次節では後者、環境問題からのプレッシャーを中心とした検討をおこなう。

第4節
換金作物およびバイオ原料作物生産への集中による環境への影響[114]

これまで述べてきたとおり、アメリカを中心にバイオ原料、とくにトウモロコシを原料としたエタノール生産については過去数年急速に注目度が高まっている。以下では、こうした動きに関する、いわば「ネガティブ」な側面と反応を中心に紹介

---

114 以下では、バイオエネルギーをバイオ燃料から得られるエネルギー、バイオ燃料を直接間接にバイオマスから得られる燃料、バイオマスをバイオ・ディーゼルやバイオ・エタノールなど、生物由来の再生可能な有機性資源で化石資源を除いたものという理解で紹介している。

する。

　バイオ燃料は本当に「環境に優しい」のか、加熱するブームの裏側で見逃されているさまざまな側面には、無視できない現実が数おおく含まれている場合がおおく、わが国のバイオ原料開発の今後を考える上でも参考とすべき点が多いと思われるからである。

1．FAO「国際バイオエネルギー綱領」制定の背景

　国連食料農業機関（FAO）は、2006年4月に国際バイオエネルギー綱領（IBEP）を策定した旨を発表している。[115] その発表において、FAOのアレクサンダー・ミューラー新次官は、「今後15～20年のあいだにバイオエネルギーは世界のエネルギー需要の25％程度を占めていくことになるであろう」という見通しを述べ、基本的に化石燃料からバイオエネルギーへの大きなシフトを歓迎した。

　また、同じ発表のなかで、バイオエネルギーに関しては、生産・使用両方の面を見た場合、現在はブラジルが世界をリードしていること、ヨーロッパも菜種・大豆・ひまわりの種子からのバイオ・ディーゼルの生産においては世界一であることを述べた上で、最後に環境および地域社会、とくに小規模農家や食品安全性、地域開発に関するネガティブな影響の可能性にたいしても言及している。この内容をひと言で言えば、「我われは慎重でなければならない。そして、『計画』が必要だ」というものである。

　現在考えられる具体的な危険性として例示された内容は、換金作物のみに集約的に依存した大規模なバイオエネルギー生産への傾注（モノカルチャー）により、小規模な農家が十分な恩恵を被ることができないまま、実質的にはその部門がごく少

---

115 FAO発表（2006年4月25日）アドレスは　http://www.fao.org/newsroom/en/news/2006/1000282/index.html　2006年9月25日アクセス。

第 4 節　換金作物およびバイオ原料作物生産への 集中による環境への影響

数のアグリビジネス（アグリ・エネルギー）企業により支配されるという危険性が指摘されている。そして、現在までのところ、こうした問題に対する包括的な取り組みは、技術的にも政策的にもおこなわれていないという。これが FAO が先に述べた IBEP を策定した背景となっている。

　ここでは IBEP の詳細は省略するが、重要なポイントをひとつだけ記せば、バイオエネルギーを生産するシステムは、きわめて広範囲かつ多様な利害関係者が存在するということを十分に理解したうえで、適切な方策を策定すべきという点である。実際の IBEP では、知識、潜在性、持続性、バイオエネルギーに関する双方向の情報システムといったナレッジ（知識）・マネジメントの段階と、戦略実践能力の確立と利害関係者の参加、パートナーシップと協力、さらに FAO として協力する国ごとの「実行」の段階が記されている。この IBEP 自体はインターネット上で公開されているため、ご関心のある向きは直接内容を見ていただきたい。[116]

　なお、化石燃料からバイオ燃料への大きなシフトは、大枠では好ましいとしながらも、将来に対する影響や現時点では想像もつかないようなところに直接間接的な影響が発生する可能性があることから、IBEP では、社会面、経済面、環境面を合わせた広範な検討が必要であることも指摘している点は忘れてはならない。

2. アルゼンチンに見る大豆集中生産の社会・経済的影響の事例

　「ソイ・バロン」という言葉がある。日本語に直訳すれば「大豆男爵」、つまり南米における近年の急速な大豆生産拡大で財をなした人間のことである。アメリカ、ブラジルに次ぐ世界第 3 位の大豆生産国であるアルゼンチンは、もともと遺伝子組換え作物にたいして、当初より先駆的な対応を行ってきたこともあり、過去 10 年で大豆生産が急速に普及した。1996 年当時 1,100 万トン程度であったアルゼンチン

---

[116] FAO の IBEP 原文のアドレスは以下のとおり。"International Bioenergy Platform" ftp://ftp.fao.org/docrep/fao/009/A0469E/A0469E00.pdf 2006 年 9 月 12 日アクセス。

の大豆生産量は、近年では4,000万トン水準に到達している。[117]

同国では2006年4月に2年越しの審議を経てバイオ燃料促進法が成立した。これにより、国をあげてバイオ燃料の活用に取り組む姿勢を一層明確にしたアルゼンチンでは、バイオディーゼル生産のために植物油を使う農家とともに、エタノールを生産するためにサトウキビやトウモロコシを生産する農家にたいしても免税措置と15年間にわたる市場シェアを保証したと伝えられている。[118]

さて、大豆中心のモノカルチャーによる急速な発展が現実の生産地でなにを起こしてきたか。すでにいくつかの重要ポイントが伝えられている。[119]

まず、大豆生産の増大とともに貧困率が急増したことである。いったいどのような関係があるのかと思われるかもしれないが、1998年から2002年というわずかの間だけでも、サルタ（Salta）、カタマルカ（Catamarca）、フフイ（Jujui）、サンティアゴ・デル・エステロ（Santiago del Estero）、そしてツクマン（Tucuman）といったボリビアとの国境沿いに広がるかつてあまり農作物生産に適していなかった同国北西部地域では急速に大豆生産が拡大し、地域の貧困率は20～30％も増大している。そして、過去10年のあいだに、アルゼンチンの農場で働く人間の数は、おおむね100万人から50万人に減少したという。[120] このおおくは季節労働者と小規模

---

117 World Agricultural Outlook Board, "World Agricultural Supply and Demand Estimate", WASDE438-28 2006年9月。ここでは2006/07年度の大豆生産量について、アルゼンチン4,130万トン、ブラジル5,600万トンと予想されている。アドレスは http://www.usda.gov/oce/commodity/wasde/latest.pdf 2006年9月12日アクセス。
118 Valente, M. "Argentina: The Environmental Costs of Biofuel", Inter Press Service News Agency. ブエノスアイレス発2006年4月26日付記事。アドレスは http://www.ipsnews.net/news.asp?idnews=32959 2006年9月26日アクセス。
119 以下、アルゼンチンの記述は、Valente, M. "Soy Overruns Everything in Its Path", サルタ発2004年8月6日記事、Inter Press News Service Agencyの情報による。アドレスは http://www.ipsnews.net/interna.asp?idnews=24977 2006年9月26日アクセス。
120 Altieli & Pengue, "GM soybean: Latin America's new colonizer", Seedling, 2006年1月、14

第4節　換金作物およびバイオ原料作物生産への 集中による環境への影響

な家族農場を営んでいた農家である。彼らのおおくは職を失い、実質的にはわずかばかりの農地を手放して都市部に流入せざるをえなくなったという。

　整備された新興の大豆産地を訪問した日本人関係者のおおくは、一面に広がる広大な農場の景観を見て「素直に」感動するケースが多いが、大豆畑の下には、ダムに沈んだ村ならぬ彼の地での家族農場の経営、そして生活そのものをあきらめたおおくの農家の歴史が蓄積されているということを感じとれるかどうかである。

　残念だが、こうした変化はある意味当然のことかもしれない。なぜならば、そもそも「GM大豆とは、農家を必要としない農産物だ」[121]というある研究者の言葉があるが、この本質を踏まえた上で種子の選択をしたのは、厳しいようだがほかならぬ農家自身だからである。問題は、農家自身、ここまでの急激な変化を想定していたか、あるいはこうした変化を予想可能な知識・情報・技術を備えていた者が、生産者にたいして適切な助言を行ってきたかどうかである。

　第二に、この裏返しとして、大規模に区画整備された広大な農地は、ますます、より少数の土地所有者のものとなりつつある。アルゼンチンでは、2,000ヘクタール単位で区画整理を行った地域もあると伝えられている。現代版、大土地所有制度、言葉を変えれば資本主義自由経済の結果としての集中と寡占化が、「実質的に」多国籍アグリビジネス、アグリ・エネルギー関連企業により進展しているということになろう。農業に限らず、経済の発展と成熟がもたらす当然の結果とはいえ、情緒的に割り切れない思いが残ることも事実である。

　第三に、地域の行政当局としても、地元産業の活性化という視点から、先に述べ

　　ページには、ラウンド・アップ・レディー大豆の面積が3倍に拡大した時期に、6万の農場が消失したとの記述がある。アドレスは　http://www.grain.org/seedling_files/seed-06-01-3.pdf　2006年9月27日アクセス。
121　前掲 Valente, M. に掲載されている Professor Chris Van Damme の言葉。原文は「Genetically modifies soy is a farm product that needs no farmers.」となっている。

た潜在的大農地の整備とともに、バイオ燃料関連の企業誘致やプラントの建設を促進する傾向が強い。政府の助成金を背景に「現代の錬金術」あるいは「ゴールド・ラッシュ」と言われて急増しているアメリカのエタノール・プラントなどはその一番わかりやすい例であるが、アルゼンチンも例外ではない。

　同国のある地域では、自然保護地域の指定を変更してまでバイオ燃料企業に土地を売却しようとした自治体があり、環境保護団体や地域住民を巻き込んで長期にわたる大問題を起こした事例が伝えられている。[122]

　さて、こうしたさまざまな問題を抱えつつも、バイオ燃料の生産と「使用」に関する先進国である隣国ブラジルとの協力のもと、アルゼンチンでは従来食料や飼料としてしか省みられなかった大豆を中心とした穀物が、着実にエネルギー経済の仕組みの中に取り込まれつつある。[123]

　現在、同様な状況は世界中で起こっている。アメリカのトウモロコシ、ブラジルのサトウキビ、マレーシアやインドネシアのパームといった形で、バイオ燃料の原料となっている対象を各地域のもっとも有力な農産物へ置き換えてみれば多少のタイムラグはあっても本質的な問題は同じであることがわかる。中長期的な視点に立ったとき、FAOが指摘しているように、バイオエネルギー生産への急激なシフトは、社会・経済・環境すべてにおいてとてつもない影響をおよぼす可能性がある。場合によっては社会構造そのものを変えてしまう。それでも、残念なことに、わが国を含め今のところこれに反対する強い声はあまり聞こえてこない。むしろ積極的にこれを推進していこうという声の方が大きい。

---

[122] 前掲 Valente, M. には、サルタ州のピサロ（Pizarro）という町における事例が紹介されている。
[123] Osava, M. "Energy-Latin America: The Time for Biofuel is Now", サンパウロ発 2006 年 4 月 7 日付記事。Inter Press Service News Agency. アドレスは http://www.ipsnews.net/news.asp?idnews=32818　2006 年 9 月 26 日アクセス。

第4節　換金作物およびバイオ原料作物生産への集中による環境への影響

そもそも、本来は人間がそのまま食べることが可能な穀物を、家畜の飼料用として大量使用してきた我われは、今また「環境に優しい」という言葉のもと、現在の途上国の貧困や将来の食料確保といった大問題を脇に置いたまま、今度はトウモロコシ、大豆、サトウキビなどを工業用原料として大量使用するためのギアを入れようとしている。はたして、この結果について、いつ、どこでだれが責任を取るのかは正直なところだれにもわかっていない。

3. 食料経済とエネルギー経済の競合および環境への影響

　アメリカ中西部、コーンベルト地帯でも東部に相当するオハイオ川流域はすでに述べたとおり、優良なトウモロコシと大豆生産地域である。従来この地域でつくられた穀物は、地元の畜産農家に消費されるか、オハイオ川からミシシッピー川を下り輸出用に仕向けられるか、あるいは南東部ジョージア州やノース・キャロライナの家禽・養豚地域へ貨車やトラックなどにより仕向けられていた。幸いなことに、この地域にはまだエタノール工場がほとんど存在していない。ただし、先に述べたとおり、現在、この地域、より具体的にはケンタッキー西部を中心に大規模な家禽農場が急速に集中してきている。

　これは、マクロ的に見れば南東部の伝統的地域だけではカバーしきれなくなりつつある食肉需要への対応であるが、やや地域的に見れば減少するタバコ需要とタバコ生産農家への対策として、ケンタッキー西部地域への畜産誘致が進んだ結果でもある。このため、現在これらの地域でのトウモロコシ・マーケットを左右する要因としては、伝統的な地元需要、新興の企業畜産需要、さらに輸出需要といった三つの要素が競合している。仮に将来、この地域にエタノール工場が集中して進出すれば競争環境はさらに厳しくなることはまちがいない。その場合、だれがもっとも影響を受けるかについて、われわれは冷静に検討しておく必要がある。

　一方、アイオワ、ネブラスカ、ミシガンといったコーンベルトの他州のなかではエタノール工場と地元畜産用飼料需要とのあいだですでにトウモロコシの「取りあ

い」が現実化している。単純な計算をしてみよう。現在全米でもっともトウモロコシを生産しているアイオワ州の昨年のとうもろこし生産量は、全米生産量の約20％に相当する21.6億ブッシェルである。2006年9月時点における再生燃料協会の資料では、工場所在地がアイオワ州内のものは31工場、このうちADM社の2工場は工場別生産能力を公表していないため除外すると、現在建設・拡大中を含む残りの29工場の総生産量は15億ガロンを超える。これを2.75で割ると約5.5億ブッシェルということになる。つまり、アイオワで生産されるトウモロコシの4分の1がエタノール生産に使われている。トウモロコシの買い手としてのエタノール工場が有力である所以である。

繰り返しになるが、ここで提起されている問題は、エタノールと飼料、つまりエネルギー需要と食肉需要（＝家畜飼料用需要）とが、国や地域、あるいはタイミングによっては正面から衝突するという点である。この問題は、今後ますます深刻になって行くであろうことはすでにエタノール先進国である南米が証明している。実際、アメリカ以外の国々で増大するバイオエネルギー需要への対応として関係者のおおくがもっとも容易に目を向けたものは、アルゼンチンではかつての不毛の土地、ブラジルでは密林や湿地帯の耕地化であった。

では、すでにこうした土地が消失したアメリカにはなにが残っているのだろうか。残念なことに土壌保全計画にもとづく休耕地が標的とされる可能性が高いのではないかと思われる。現在、同計画に登録されている休耕地面積は約3,600万エーカー[124]になるが、環境問題という視点から見れば、これは「禁断の土地」に手をつけることになりかねない。

さらに、アメリカでも一部地域ではエタノール工場により周辺地域の地下水枯渇

---

[124] 土壌保全計画（CRP: Conservation Reserve Program）に登録されている土地は、2006年6月時点で約3,600万エーカーとなっている。詳細は、以下のアドレスで参照可能。http://www.fsa.usda.gov/Internet/FSA_File/jun2006.pdf　2006年9月26日アクセス。

といった影響を懸念する声が出てきている。[125] 単純に言って、現在エタノール１ガロンの生産に必要な水の量は３ガロン程度と言われている。80億ガロンのエタノールを生産するためにどの程度の水が必要かは掛け算である。もともと降水量が少ない西部コーンベルトではトウモロコシの生育そのものにも灌漑用水を活用しているところが多いが、これに工業用水の利用が加わったときの影響については、ブームの影でなかなか明確には示されていないのではないかと思われる。このあたりも例によって一旦ブームが収まればさまざまなところから「じつは……」という声が上がる可能性があるが、その段階では取り返しのつかない状況にまで物事は進展してしまっているかもしれない。

4．EUに見るバイオ原料活用可能性限界の長期的検討

　では、いったいどこまで我われはこれまでの化石燃料中心の方法からバイオ燃料中心の方法へ切り替えることが可能なのであろうか。もちろん、「環境に負荷を与えない」という大前提の下での話である。

　じつはこの問題については、2006年6月にヨーロッパ環境庁が出した報告書である「ヨーロッパは環境を害さずにどの程度のバイオエネルギーを生産することができるか？（How much Bioenergy can Europe produce without harming the Environment?）」が雛形ともいうべき興味ぶかい考え方を示している。[126]

---

125 たとえば、ニューヨーク・タイムズ紙は2006年6月25日付記事で、Alexei Barrionuevo記者の"Boom in Ethanol Reshapes Economy of Heartland"という記事を掲載している。アドレスは http://www.nytimes.com/2006/06/25/business/25ethanol.html?ei=5070&en=a7435522bf279033&ex=1159329600&pagewanted=print あるいは、2006年6月21日付Soyatech.comの"Ethanol's Demands on Midwest Water Supplies a Concern" アドレスは http://www.soyatech.com/bluebook/news/viewarticle.ldml?a=20060621-7 といった記事などがある。いずれも2006年9月26日アクセス。

126 ヨーロッパ環境庁「ヨーロッパは環境を害さずにどの程度のバイオエネルギーを生産することができるか？」2006年6月。アドレス http://reports.eea.europa.eu/eea_report_2006_7/en/eea_report_7_2006.pdf#search=%22How%20much%20bioenergy%20can%20Europe%20pro

とくに、各種前提条件（たとえば、主要メンバー国では 2030 年までに少なくとも耕地の 30％が環境に配慮した農法をおこなう、農地の 3％が土壌保全のため休耕地とされる、あるいは一定量の永年草地は穀作に転換しないなどなど）はあるものの、全体としては、過度のバイオエネルギー生産へのシフトが、「農場や森林の生物多様性と土壌および水資源への影響を与える可能性」を指摘している点に留意しておくべきである（気候温暖化への影響は報告書の検討の範囲外とされている）。[127]

この報告書がバイオエネルギーの生産を後押しする最大の推進力として、①生産性の増加、②農業部門の自由化による耕作地の増加、の二点を指摘しているものの、国内（域内）の食料供給を犠牲にしてまでバイオエネルギー用作物の生産をおこなうことや、環境への影響を配慮して、理論上の拡大可能性よりは控え目な拡大に留まると予想している点は重要である。そして、その控え目な増加であっても環境への影響は無視できないとしている。

ポイントを簡単に言えば、短期的に見た場合、バイオエネルギーの原料全体としてもっとも利用が多いのは農業残渣、糞尿、木材や製紙産業の残渣・廃棄物である。ただし、この分野は 2030 年になっても絶対量ではおおむね 2010 年と同じレベルの利用に留まっていると見積もられている。

これにたいし、長期的に最大の潜在拡大性があるのはバイオエネルギー生産のための作物（いわば工業用作物）であるとしている。この工業用作物利用は 2030 年までには 2010 年の約 3 倍程度の使用が予想され、これらは現在の食料用穀物や牧草の生産地、あるいは休耕地や輸出用穀物の生産地までもが活用されていくことになるであろうと考えられている。

---

duce%20without%20harming%20the%20environment%22　2006 年 9 月 26 日アクセス。
[127] 前掲ヨーロッパ環境庁報告書、6 ページ、19-24 ページ。

ただし、特定作物の集中生産および草地の耕地への転換による生物多様性の喪失や土壌への影響といったことを考慮し、ヨーロッパ環境庁は、試算上約 600 万ヘクタールの永年草地を、バイオエネルギー生産のために拡大する耕地予測からは除外している。[128] このあたりが、流石に EU らしい配慮である。その上で、EU として、2010 年以降、早急に飼料用や食料用とは異なる工業用穀物の生産に適し、環境への負荷も少ない作付・生産システムが導入されていくべきであるとの方向性を示している。

これは、近年急速にバイオマスの利用・活用を進めていこうという状況になりつつあるわが国が、いずれ確実に直面する問題に、社会、経済、環境といった側面を踏まえ、早くも EU が取り組んでいるということを示している。この報告書とわが国の「バイオマス・ニッポン総合戦略」[129] とを比較してみれば、その目指すところ、内容、そして今からでも十分に配慮しなければならないおおくの潜在的問題がよく理解できるのではないかと思う。

5. 小括

最後に今一度、9 月 12 日時点の農務省発表数字をベースとしたトウモロコシの需給について振り返っておきたい。アメリカのトウモロコシ生産量 111 億ブッシェルのなかで、現在エタノール向け数量は 21.5 億ブッシェルでしかないが、近い将来建設中の工場がすべて完成した後の総需要は 30 億ブッシェルに到達する。つまり、現段階ですでに我われは実質 8 億ブッシェルの含み損を抱えている形と考えることができる。

一方、エタノール以外の工業用や種子用需要を含めた現在の食品・種子・工業用

---

[128] 前掲ヨーロッパ環境庁報告書、8 ページ、19-24 ページ。
[129] 農林水産省「バイオマス・ニッポン総合戦略」2006 年 3 月 31 日閣議決定。アドレスは
　 http://www.maff.go.jp/biomass/pdf/h18_senryaku.pdf　2006 年 9 月 26 日アクセス。

需要の合計は35億ブッシェル、飼料用需要の約61億と合わせれば96億ブッシェルとなる。これに輸出の23億が加われば後は、単純な計算である。先に述べたとおり、過去2年間で8億ブッシェル増えたエタノール需要は、今後さらに8億程度の増加が見込まれており、その場合の米国内需要は軽く100億ブッシェルを突破することになる。農務省のベースラインでも2012/13年度以降の米国内需要は100億ブッシェルを越えることが予想されており、これに20億ブッシェル前後の輸出需要が加わるのが、近い将来の姿とされている。

今後、アルゼンチン、ブラジル、オーストラリアといった各国の動向とともに、中国という巨大な需要地が本格的に動きはじめたとき、我われはブッシェル当りいくらのトウモロコシを買うことになるのだろうか。そして、動きはじめたエタノール需要が止まらなくなったとき、我われは食料・飼料原料と工業用原料のバランスを確実に取りきれるのだろうかという点については、今後一層の検討が求められることになると思われる。[130]

---

130 本稿は、「遺伝子組換え作物の10年」として、『農林経済』第9797号（2006年7月24日）に掲載されたもの、および同9817号（2006年10月19日）「バイオ燃料の光と影（上）エタノールが変えるアメリカのトウモロコシ産業」および同9820号・合併号（2006年11月6日）「バイオ燃料の光と影（下）生物多様性や土壌および水資源への深刻な影響も」として掲載されたものに、加筆・修正を加えたものである。

* なお、本稿脱稿後の2007年1月12日にアメリカ農務省から発表された需給見通しにおいて、トウモロコシの生産量は前回（11月・12月）の107億4,500万ブッシェルから2億1,000万ブッシェル下方修正され105億3,500万ブッシェルへと減少、輸出そのほかの微修正とあわせ、2006/07年度の期末在庫数量は9億3,500万ブッシェルから1億8,300万ブッシェル減少した7億5,200万ブッシェルとなり、需給は一層逼迫した形となっている。

3 アメリカにおける食肉加工産業(パッカー)の集中と環境

　どこの国でも政府はさまざまな業界に関して毎年おおくの報告書を公表している。そのなかでもアメリカ農務省（USDA）は相当数の報告書あるいは分析レポートなどを公表しており、畜産分野についても例外ではない。こうした各種レポートがいかに優れたものであっても、ある一時点におけるひとつのものを見ている場合と、何年かにわたり継続して同じ内容を読み込んだ場合で、見えてくるものが異なっていることがある。

　とくに、社会的に大きな関心を集めたような問題が多発した場合、問題発生直後のレポートは大部のものになるが、時間の経過とともに量が少なくなるだけでなく、いつのまにか問題そのものが存在すらしていなかったような形や内容になってしまうことが多い。問題が完全に解決されたのであればそれは喜ばしいことであるが、じつはある種の「慣れ」や「あきらめ」、誤解を恐れずに言えば「巧妙な隠蔽」といった形に陥った結果としての最終製品（＝報告書）の陳腐化ということもありえるであろう。

　こうしたレポートの評価をおこなう場合、よく言われる表現は「数字はうそをつかない」ということだが、じつは業界や関係者、そして「書き手」の心境などに関する微妙な変化は数字に現れず、むしろ定性的な側面に現れることが多い。簡単に言えば、目次の項目だけを見ても大局的な流れがわかるということであり、「感度

の良い」書き手はそれなりに変化の「芽」を捉えてなんとか本質を記述しようと試みるが、そうでない場合には、それこそ「うそをつかない」数字だけが継続的に並び、コメント部分は平均以上でも以下でもなく、読み手の心に訴えるものがない結果となる。もとよりこうしたレポートは文学作品ではない以上、筆者が感じることは多分に情緒的なものであることは理解しているが、それでも……という点を汲み取っていただければ幸いである。

第1節
アメリカ農務省レポートに見る集中と環境に関する「懸念すべき事項」

1. GIPSA レポートの主要な内容とその背景

　アメリカ農務省の中に通称 GIPSA (Grain Inspection, Packers and Stockyards Administration、ジプサと呼ぶことが多い。日本語では連邦穀物検査およびパッカー・家畜市場局) という部局がある。この GIPSA が、2001年6月以降、5回にわたり「Assessment of the Cattle, Hog, and Poultry Industries (肉牛、肉豚、家禽業界のアセスメント)」と題するレポートを議会に提出している。[131] もともとこ

131　USDA-GIPSA, "Assessment of the Cattle, Hog, and Poultry Industries", 2006年3月。これは本稿で言うレポート2005であるが、このレポートの各年版は以下のアドレスで公開されている (2006年9月15日時点)。http://www.gipsa.usda.gov/GIPSA/webapp?area=home&subject=lmp&topic=ir-as

のレポートは、2000年11月9日に施行された2000年穀物規準・倉庫改善法（the Grain Standards and Warehouse Improvement Act of 2000, 公法 No.106-472）の要請にもとづいたものであり、GIPSAは毎年3月1日までに前会計年度における業界の状況に関するレポートを連邦議会に提出するとともに一般にも公表することを義務づけられている。

　GIPSAの業務はその名称が示しているとおり、穀物分野と畜産分野に分かれているが、ここで対象としているのは畜産分野である。とくに、一般的には1921年パッカーおよび家畜市場法（Packers & Stockyards Act of 1921、以下P＆S法と呼ぶ。[132]）として知られる法律にもとづく規制と監視がそのおもな業務となっている。先に述べた2000年の改善法の要請にもとづき、議会に提出するレポートの内容について、現在のP＆S法は228条d項で以下の3項目を規定している。

1　肉牛および肉豚業界の一般的経済情勢
2　これらの業界のビジネスの実際における変化
3　本法に照らした場合、これらの業界のマーケット活動や事業活動で「懸念すべき事項」（…that appear to raise concerns…）を特定すること[133]

---

[132] Packers & Stockyards Act of 1921におけるパッカーとは、同法191条に以下のとおり規定されている。…the term "packer" means any person engages in the business (a) of buying livestock in commerce for purposes of slaughter, or (b) of manufacturing or preparing meats or meat food products for sale or shipment in commerce, or (c) of marketing meats, meat food products, or livestock products in an unmanufactured form acting as a wholesale broker, dealer, or distribution in commerce. 各々の用語の定義も別途規定されているが、191条を簡単に言えば、パッカーとは、(a) と畜の目的のために商業的に家畜を購入する、(b) 商業的な販売あるいは船積みのために食肉あるいは食肉製品を加工および準備する、(c) 商業的に卸のブローカー、ディーラー、流通業者として製造されていない形での食肉、食肉製品、畜産製品を販売する、ようなビジネスに従事しているすべての人のことである。なお、同法182条では、これに先立ち、P&S法におけるpersonを、個人、パートナーシップ、会社、団体を意味するものと規定している。

[133] 原文は以下のとおり。Not later than March 1 of each year, the Secretary shall submit to Congress and make publicly available a report that – (1) assesses the general economic state

第1節　アメリカ農務省レポートに見る集中と環境に関する「懸念すべき事項」

　さて、過去5年間のレポートを見た場合、当然のことながら全体構成は上記3点の要請を踏まえた形になっている。たとえば、2006年3月に公表されたレポート（「レポート2005」、以下同様に記述する[134]）は、全体が4つのセクションに別れ、肉牛業界、肉豚業界、家禽業界の各々について、上記の（1）および（2）を解説した後、最終セクションでは上記(3)をまとめて解説している。セクション4に示されている「懸念すべき事項」[135]は4項目あり、以下のとおりとなっている。

1　家畜市場の登録メンバーが積み立てておく財務省証券の適正性、
2　家禽業界における報復、
3　家禽業界における連邦訴訟、
4　家畜、食肉、家禽肉に対する評価機器・システム、[136]

　問題は、以上の4点が現在のアメリカ畜産業界が全体として「集中（concentration）」およびその影響を考えたときに「懸念すべき事項」と考えるとしたら、常識的に見てもかなりの疑問を持たざるをえない点である。もちろん、業界の報復や訴訟という内容は、それだけでも関心を持つようなタイトルであるし、実際十分に検討する必要がある重要な内容であるが、そもそも議会がGIPSAにたいして毎年の報告書を要求したのは、このような、いわば「形式的な」レポートを

---

　　of the cattle and hog industries; (2) describes changing business practice in those industries; and identifies market operations or activities in those industries that appear to raise concerns under this chapter.
134　ややわかりにくいが、これまで出されたGIPSA報告書は5回、2000、2001、2002-03、2004、2005の各レポートとなっている。2002-03レポートは10-9月の会計年度ベースで2002年および2003年の2年間をまとめている。
135　正式な項目名称は以下のとおり。Section4: Operations or Activities in the Livestock and Poultry Industries that Raise Concerns under the Packers and Stockyards Act.
136　原文は以下のとおりである。（番号は筆者）1. Adequacy of Bonds for Regulated Entities, 2. Retaliation in the Poultry Industry, 3. Federal Litigation in the Poultry Industry, 4. Livestock, Meat, and Poultry Carcass Evaluation Devices and/or Systems.

つくれということではなく、P&S法そのものの立法趣旨に立脚したものであると理解している。[137]

アグリビジネスにおける集中、そのなかでも食肉加工業界の寡占化は何年も前からさまざまな場面で懸念が表明されてきた。そして、集中の影響や、実際に寡占化のなかでビジネス上の地位や戦略の名を借りた違法行為があったかどうかを精査する判断材料としての年次報告であったはずである。残念なことに、その精神がもっとも生かされていたと思われるのは過去5回の報告書のうち1回目と2回目のみである。比較のために、次にレポート2000に公表された同じタイトルのレポートのなかで「懸念すべき事項」に相当する部分の目次を示す。

1　集中と構造変化
2　家畜の値決めと調達
　　1) パッカーによる競争制限
　　2) 少ない取引時間
　　3) 共通エージェント
　　4) 薄い現物市場
　　5) 価格報告義務
3　垂直的および水平的コーディネーションの変化
　　1) キャプティブ・サプライ
　　2) 市場アクセスと価格差
　　3) 契約におけるフェアな取りあつかい

---

[137] P&S法の立法趣旨については、Rosales,E,William.,"Dethroning Economic Kings: The Packers and Stockyard Act of 1921 and its Modern Awakening", Journal of Agricultural & Food Industrial Organization, Volume 3, 2006 1-3ページに簡潔にまとめられている。詳細は省略するが、Rosales論文の1ページには立法に参画したMarvin Jones議員のコメントが記されており、P&S法成立当時の状況がよくわかる。アドレス　http://www.bepress.com/cgi/viewcontent.cgi?context=jafio&article=1118&date=&mt=MTE1OTM0MDUyNA%3D%3D&access_ok_form=Processing...　2006年9月27日アクセス。

4　パッキング・プラントの操業とマーケティングにおける技術変化
　　1）枝肉評価
　　2）記帳
　　3）Eコマース
5　フェア・トレードと財務保護の問題
　　1）ストリング・セールス
　　2）残留薬物
　　3）報復措置

　一見してわかるとおり、2000年当時は少なくとも以上の諸項目が「集中」による「懸念すべき事項」として認識されていた。その後、レポート2001になると、上記5の中に「オークション市場の安定性」という一項目が追加される。

　これがレポート2002-03になると項目数が激減している。興味ぶかいことに、P＆S法で監視すべき重要な業界として対象業界こそ牛肉業界と豚肉業界に加えて家禽業界と羊肉業界が加わったが、「懸念すべき事項」は、キャプティブ・サプライ（詳細後述）、契約の文言、特定契約の文言、値決め方式、家畜の共同購入、家畜・食肉・家禽の電子評価、垂直的コーディネーション、の6項目になっている。

　さらに、レポート2004では、これが、家畜市場の登録メンバーが積み立てておく財務省証券の適正性、集中、BSEに対する業界の反応、キャプティブ・サプライ、21世紀チェック・クリアリング法、値決め方式、家畜の共同購入、家畜・食肉・家禽の電子評価、垂直的コーディネーション、係争関係の9項目となって、レポート2005では先に述べた4項目に減少している。

　なお、レポート2004からは、対象業界も牛肉、豚肉、家禽の3業界になっている。前年に追加されたふたつの業界のうち、羊肉業界は早くも姿を消している。また、各年のレポート前半部で毎年記載されている集中の実態報告（一般情勢と上位4社集中度の推移など）を別にすれば、レポート2004では当初から唯一残っていたキャ

プティブ・サプライすらも「懸念すべき事項」からは消失している。

　それでは、レポート2000に現れた上記の諸問題は本当にすべて解決したのだろうか。

　筆者は、まったくそうは思わない。そもそも仮にGIPSAの最新レポートだけを目にした人間がいたとして、1980年からの業界上位4社のシェア推移の数字とHHI（ハーフィンダール・ハーシュマン指数：Herfindahl-Hirschman Index）の推移を見た後、「懸念すべき事項」とは、代金決済を円滑化するための財務省証券の積み立てや食肉の評価をおこなう電子機器であるということで素直に納得するのであろうか。

　むしろ現実には、当初想定された「懸念すべき事項」が、地域によってはより深刻になっているのではないかとの、それこそ「懸念」が生じるのではないかと思う。それは、レポート2004あるいはレポート2005において、GIPSA自身が訴訟を一項目として取りあげざるをえなかった点にも現れている。たんなる「懸念」が実際の「法的行動」にまで進展したからこそ、訴訟を項目として取りあげざるをえなかったということが偽らざる理由なのではないかと思う。

　近年、FMD（口蹄疫）、BSE、そして鳥インフルエンザと、畜産業界にとってはきわめて厳しい状況が継続してきたことはだれもが認めるであろう。こうした疾病に比べれば、一見、「集中」という問題ははるかに緊急度が低いように思われる。だが、現在のわれわれが生きている社会や経済の仕組みが自由、競争、資本主義といったものを基本としている以上、過度の「集中」あるいは「集中」に伴うさまざまな影響により、こうした根本原理が侵されることは社会の仕組みが根本から変化していくことをも意味する。

　あるいは、ここまで大上段に構えなくても、そもそも、寡占化にさまざまな問題が伴うことは古くからおおくの経済学・法学上の文献で数おおく指摘されてきてい

第1節　アメリカ農務省レポートに見る集中と環境に関する「懸念すべき事項」

るだけでなく、現実の企業行動としてもさまざまな問題を引き起こしている。[138] そうであれば、われわれは、上位4社が占める牛肉と畜シェアが79.6％、豚肉では64.1％、ブロイラーで54％（いずれもレポート2005）という数字から、なにを考えるか、なにを調べなければいけないかは自ずと明らかなのではないかと思う。

　以下では、行政当局の公表資料としては、基本的にもっとも素直に「懸念すべき事項」が記されていると思われるGIPSAのレポート2000の枠組みに依拠しつつ、必要な数字をアップデートする形で、アメリカの食肉加工業界を事例として、「集中」の影響がどのように「懸念」されてきたかという点を中心に見ていくこととする。現在争われている訴訟という最終的な形だけを見るのではなく、影響を受けた者が訴訟に踏み切る前に、いわば合法的な活動の枠内で早い段階から「懸念」されていた事項をしっかりと理解していくことこそが、今後のわれわれや、おおくの企業経営者、そして生産者にとって重要な示唆を与え、今後起こりうる変化の「芽」を的確に把握し、適切な対応をすることが可能になると信じるからである。

2. アメリカの食肉加工産業における集中と構造変化

　「集中と構造変化（Concentration and Structural Change）」が独立した定性項目として、わずかではあるが「懸念すべき事項」の冒頭に置かれていたのは当初の2年間のみである。その後、レポート2002-03において、「集中」という項目のみでGIPSAの見解が示されているが、位置づけは「懸念すべき事項」の中の1項目に格落ちしている。レポート2005においては独立した項目すら存在しない。ただし、先に述べたように、議会が「……これらの業界のビジネスの実際における変化」を要求している以上、主観的な要素が反映しやすい定性項目とは別に、客観的な数字としての上位4社シェアや、それをもとにしたHHIは依然としてレポート全体の

---

[138] 寡占そのものの問題は、P&S法という特別法の領域ではなく本来は反トラスト法や産業組織論の領域で議論するのがより妥当である。反トラスト法の判例を調べれば現実の企業行動の事例は相当数存在する。また、産業組織論の分野でも数おおく調査・研究がなされている。

第3章　アメリカにおける食肉加工産業の集中と環境

骨子となっていることはまちがいない。定性面での検討をおこなう前に、前提として、まず最新の数字を示しておく。

主要食肉加工業界のと畜における上位4社シェア（CR4）とHHIの推移

	1980	1985	1990	1995	2000	2002	2003	2004
牛肉 CR4 %	35.7	50.2	71.6	80.8	81.4	79.2	80.2	79.6
HHI	561	999	1,661	2,036	1,939	1,842	1,900	NA
豚肉 CR4 %	32.2	40.3	45.7	56.4	56.7	55.4	64.2	64.1
HHI	456	593	769	1,033	1,035	1,005	1,334	NA
ブロイラー CR4 %	NA	NA	41	46	49	48	55	54
HHI	NA	NA	NA	NA	916	868	995	974
ターキー CR4 %	NA	NA	NA	NA	41	54	54	55
HHI	NA	NA	NA	NA	680	945	911	951

出典：いずれも上記 GIPSA レポート 2000～2005

　ここで、若干の説明をしておくと、まずCRとはConcentration Ratio（集中度比率）のことであり、主として反トラスト法（独占禁止法）のもとで裁判所によりもちいられてきた伝統的指標のひとつである。これは対象となる特定の市場を画定した後、その市場の参加者のシェアを算出して上位4社のシェアを合計したものである。わが国においても公正取引委員会がウェブサイトでさまざまな市場ごとにこの数値を公表している。

　次に、繰り返しになるが、HHIはハーフィンダール・ハーシュマン指数と言われ、上記の市場で求められた各々のプレーヤー（企業）の市場シェアの二乗の合計である。アメリカの反トラスト法の実際の運用指針である「水平企業結合ガイドライン」

では、HHIの目安として、1000未満を「集中が進んでいない市場」つまり「競争制限的効果をもたらす恐れはない」、1000以上1800未満を「やや集中が進んでいる市場」、1800以上を「高度に集中が進んだ市場」と分類している。この指標は、ある企業が他社との合併あるいは他社の買収を考えた場合に、その合併や買収後のHHIがどのように変化するかという判断材料としてもちいられる。

　HHI1000未満の場合には、当該行為は競争制限効果をもたらす恐れはないとされるが、たとえば合併後、HHIが1000以上1800未満の領域に増加すれば、増加レベル（具体的にはHHI増加が100以上の場合）により「競争上の懸念をもたらす可能性あり」と判断される。さらに、当初のHHIが1800以上である高度に集中が進んだ市場の場合、ある合併あるいは買収によりHHIの増加が100以上であれば、上述の「競争上の懸念をもたらす可能性あり」という段階から一段進んだ「反競争的効果を"推定する"」という判断が下されることになる。

　一般にこうしたわかりやすい指標が示されると、すぐに結論を急ぐことが多いが、じつは前述のガイドラインは合併審査におけるステップをいくつもの段階に分類していることは覚えておく必要がある。

　簡単に言えば「市場の画定」、これが第一段階で、製品市場・地理的市場の画定という意味であり、これを行ってはじめて市場占有率（シェア）の議論ができることになる。一旦シェアが判明した後、次の段階へ進むための選別基準としてもちいられるものがHHIである。先に述べたように、たとえば合併後のHHIが1000未満であったり、1800未満であっても増加量が100未満、あるいはすでに「高度に集中が進んだ市場」であっても、新たな合併によるHHIの増加が50未満の場合には、いずれも「反競争的効果をもたらす恐れはない」と判断され、この段階で不問となる。

　そして問題があった場合にはじめて審査は第2段階、つまり競争制限効果の分析へとすすむ。本稿は反トラスト法の解説が主眼ではないため、以下、きわめて簡単

に説明すると、第3段階の分析の主眼は、集中化した市場における協調行動や一方的価格引きあげの可能性などの分析である。さらに、第4段階では新規参入の可能性や対象となっている合併によりもたらされる経済効率性の分析、そして最終第5段階で経営破綻会社・部門の救済であるかどうかが審査される。いずれにせよ、合併審査の詳細な手続きについては別途、反トラスト法の専門書を参照していただきたい。

また、前掲表では、簡単に牛肉、豚肉、ブロイラー、ターキーといった標記をもちいたが、たとえば、牛肉といってもここで表されている数字は具体的には steer（去勢雄牛）と heifer（未経産雌牛）の数字である。やや説明を加えれば、アメリカで生産されている牛肉は、その出所により大きくふたつ、つまりいわゆる fed cattle（肥育牛）と cull cattle[139] に分類される。我々が通常認識しているフィードロットで肥育され、最後にステーキになってくる牛は fed cattle であり、この中心は steer と heifer である。

後者の cull cattle は、主としていわゆる老廃牛、酪農牛、あるいは種牛といった同じ牛でももともとステーキ用の肉を生産することを意図していないが、動物資源としては活用可能な種類の牛のことであり、全体としての数量も少ない。このため、フィードロットのような大規模肥育施設で生産された牛が、大量にと畜・解体されていく工場（パッキング・プラント）を中心とした集中度を見るためには、steer と heifer のと畜数量の数字がもちいられている。

それでは、以上の概略を頭に入れて、再度、前掲の表を見ていただきたい。

---

[139] Cull cattle については適切な訳語が見当たらない。あえて言えば非選抜牛とでも言うのであろうか。ただし、これも、もともと酪農牛であった場合などは適切な訳語ではない。culling という言葉は淘汰という意味を持っていること、畜産においては望ましくない個体を通常の繁殖集団から除外することを意味していることと、上述の出所に関する説明を合わせれば、その意味はご理解いただけると思う。

第1節　アメリカ農務省レポートに見る集中と環境に関する「懸念すべき事項」

　たとえば、牛肉加工では集中がもっとも進展したのは1980年代、とくに後半であることがわかる。上位4社シェアは1980年の35.7％から71.6％へと倍増しており、HHIも561から1,661へと急上昇している。シェアのピークは2000年の81.4％であり、その後、今日に至るまで上位4社シェアはおおむね8割、HHI1900前後で「高度に集中が進んだ市場」の状態が継続しているということになる。

　豚肉加工はどうであろうか。表からは1980年代前半、1990年代前半、そして2002年から2003年へとほぼ10年ごとに大きな動きが起こっているように見える。牛肉加工業界に比べればやや集中度は低いが、それでも1995年以降のHHIは分岐点である1,000を超え、2003年には1,334にまで伸長してきている。ブロイラーおよびターキーは、ほぼ似たような傾向を辿っており、少なくとも上位4社シェアとHHIといった数字上から見るかぎり、とりあえず問題はなさそうである。牛肉をはじめとしたいずれの業界も、1995年以上それなりにきわめてうまく数字が落ち着いていると見るのは穿ちすぎであろうか。この点については後段で今一度検討をおこなうこととする。

　さて、与えられているデータを理解するための基本的説明にやや時間を裂いてきたが、本節の課題は、GIPSAのレポートにおける「集中と構造変化」であったことをここで思い出していただきたい。ここで述べられている要点は以下の2点である。

　第一に、近年の合併・買収にともなう「集中」の懸念とそれに対する当局の見解、つまり食肉加工産業における「集中」を当局の立場で具体的に規制することはできないのかという要望が各所から出てきているが、基本的に「こうした変化は経済全体に発生している通常の経済行動の結果によるものであ（り）[140]」、基本的には問題なしという見解が述べられている。

---

140 GIPSAレポート2000、29ページ。原文は「the changes are largely the result of normal economic forces that are occurring throughout the economy.」。

そして、第二に、合併審査はGIPSAが管轄するP&S法でおこなうべきものではなく、司法省および連邦取引委員会が反トラスト法ににもとづきおこなうものであることと、P&S法自体は、「集中」、「垂直統合」、「協調」といったことを禁じているわけではないということ。「集中」により当該業界あるいは特定企業による反競争的行為がおこなわれたかどうかを監視することが一層厳しくなることはあっても、要は「集中」そのものはP&S法の違法ではないという点を強調している。

　少なくとも、レポート2000および2001においては、食肉加工業界の「集中」に関する「懸念」が当局に寄せられていたということが明記されているが、レポート2002-03および2005では項目すら存在せず、レポート2004では「P&S法により規制されている業界全体における集中度の水準がしばしば懸念されている」という一行のみになっている。それでも、この後、連邦政府は食肉加工業界をめぐるさまざまな情勢に関する調査をおこなうことを認め、その結果は1996年2月に「赤肉加工業界における集中（Concentration in the Red Meat Packing Industry）」[141]という形の一応の結果を見ることになる。

　ただし、この調査報告の結論をひと言で言えば、「今のところ問題はないが、今後も継続したモニタリングと調査が必要」という、正直に言えば「本当？」というものであった。われわれはそれなりの要員体制・予算・期間を費やして検討したこうした報告書の結果の是非を問う前に、やはり「当初は」どのような「懸念」が出されていたのかを明確に理解しておかなければならない。そうでなければ、時間の経過とともに「声」はますます小さくなり、「懸念の表明」でさえあきらめてしまう、あるいはできなくなってしまう可能性があるからである。

141　USDA-GIPSA, "Concentration in the Red Meat Packing Industry"、1996年2月。アドレスはhttp://archive.gipsa.usda.gov/pubs/packers/conc-rpt.pdf　2006年9月15日アクセス。

3. 家畜の価格決定と調達における「懸念すべき事項」

　家畜の値決めと調達に関する「懸念」は、主として畜産生産者、農家サイドからのものである。簡単に言えば、生産者が家畜を販売する相手先であるパッカーが市場において、市場支配力（market power）を行使し、場合によっては不公正（unfair）な取引あるいは反競争的な取引をおこなう可能性があるのではないかという懸念である。ここでは、市場支配力とはなにか、不公正な取引とはなにか、そして反競争的行動とはなにでどのように判断するかといった法的側面からの分析ではなく、実際にどのような「事実」あるいは「現状」が「懸念」されているのかという視点から見ていくこととする。GIPSAのレポート2000（2001も同様）で記されている項目は以下の6点である。

　　1）パッカーによる競争制限
　　2）少ない取引時間
　　3）共通エージェント
　　4）薄い現物市場
　　5）価格報告義務
　　6）垂直的および水平的コーディネーションの変化

1）パッカーによる競争制限

　この「懸念」はかなり抽象的かつ広範囲にわたっている。ひとつひとつのクレームを見ていけば特定地域ごとにそれなりの理由と直面した状況がわかるのであろうが、全米レベルにまとめられたGIPSAのレポートではその一面しか見ることができない。事例として述べられているものは、1998年12月から翌1999年1月にかけて豚の価格が大きく低下した理由がパッカーの行動によるものというかなり広範な申し立てや、特定のフィードロットにたいしてのみパッカーが買いつけ価格を提示しないといった個別のものにまでわたっている。

　ちなみに、P&S法でこの項目に関係する192条の内容を簡単に紹介すると以下

のとおりとなる。①（パッカー同士で）ビジネスをおこなう地域を分割（apportion）したり、②商品の買いつけあるいは販売を分割したり、③価格を操作（manipulate）あるいはコントロールしたり、あるいはこうした違法な内容を共謀（conspire）、結合（combine）、合意（agree）、準備（arrange）、補助（aid）、教唆（abet）したりしてはならない。[142]

たとえば、自分の農場から一定距離にパッカーAとパッカーBがあり、一般的にパッカーAの買いつけ価格は高く、Bは安いと言われていたとしよう。生産者がAに家畜を売りたいと打診をしたところ買うことはできないと言われ、どうしてもAよりは安値しか提示していないパッカーBに売らざるをえないような状況に直面したときの生産者およびパッカーの「本音」はどのようなものであろうか。

パッカーAとしては契約生産を締結しているほかの生産者あるいは自分の系列の生産者からの買いつけや、輸送コストの問題、あるいは打診してきた生産者の過去の生産・管理技術に対する評価などさまざまな正当な理由があって当該生産者からは買いつけができない場合でも、それを正直に当の本人に言うことはできない可能性が高い。忙しいときであればなおさらであろう。あるいはパッカーAとしてはもともと当の生産者とは長年のつきあいそのものが無かったのかもしれない。

これにたいし、生産者の方はなぜ自分の家畜が断られたか明確な理由が不明のままでは、どうしてもパッカーに対する不信感が強くなる。パッカーBは安値とはいえ買いつけてくれるため、Bに売らざるをえないとしても、背後でAとBがなにやら共謀あるいは地域分割のようなことをしているのではないかと思ったとしても当然であろう。

こうした問題を踏まえGIPSAはP&S法に照らして調査をした結果、いかなる違

---

[142] レポート2001、49ページ本文では202条となっているが、これは注記のとおり192条が正しい。上に記したものは192条本文f項およびg項のポイントをまとめたものである。

法の証拠も見いだすことができなかったと明言している。個別のケースについては、企業秘密あるいは個人情報に関する規制からすべてが公開されるわけではないため、とりあえずは GIPSA のレポートに現れたコメントを信じるしかないが、割り切れない思いが残ることも否定できない。

2）少ない取引制限

レポート 2000 では、実際のスポット・マーケットにおける肥育牛の取引は、たとえば毎週 1 回月曜日の朝 15 〜 30 分程度の短い時間しかおこなわれないにもかかわらず、それが指標として扱われる、あるいは実際に取引がもっともおおくおこなわれる日とは異なるという不満を記載している。

ややわき道にそれるが、かつてある意味でアメリカの畜産がもっとも華やかりし時代の象徴のひとつであった家畜取引市場は時代の流れのなかで現在ではかなり厳しい状況に陥っていることはまちがいない。地域の伝統・文化施設として家畜市場という施設全体を戦略的にポジショニングし直し、全米でも有数の観光地として再生できたテキサスのフォーワース家畜市場のような例がある一方で、カンザス・シティの家畜取引市場は 1991 年に 120 年の歴史を閉じ、筆者が駆け出しのころ、見て回ったネブラスカ州オマハの家畜取引市場も 1999 年には閉鎖されている。時代の流れとはいえやや感傷的になることはいなめない。

さて、こうしたなかでいくつか例を出してみたい。サウスダコタ州スー・フォールズの家畜取引市場は現在も地域の家畜取引の中心機能を担っているが、そこのウェブサイトに掲示されている取引時間は牛の例で見るかぎり以下のとおりである。[143]

---

143 Sioux Falls Stockyards, 資料。アドレスは http://www.siouxfallsstockyards.com/ 2006 年 9 月 15 日アクセス。

第3章　アメリカにおける食肉加工産業の集中と環境

　　　＜牛のオークション＞
　　　水曜日　　Fed Cattle、Cows & Bulls
　　　時間　　　8：00AM
　　　木曜日　　Feeder Cattle
　　　時間　　　9：30AM

　では、実際にどの位の数が動いているのだろうか。2006年9月7日に現実のオークションにかけられた牛はSteer（去勢雄牛）が750頭、Heifer（経産雌牛）が229頭、ホルスタイン種が306頭となっている。これは木曜日であるからFeeder Cattle、つまりこれから肥育に出す牛のオークションである。これにたいし、9月13日の水曜日にはFed Cattle、つまりすでに肥育が終了したに牛のオークションがおこなわれているが、こちらはSteerが686頭、Heiferが289頭、ホルスタイン種が195頭となっている。[144]

　上記は、時系列の数字を見たものではないし、ほかとの比較をしたものではない。したがって、取引時間が少ないかどうかという「包括的な」問いに直接答えられるだけのものでないことは明らかであるが、少なくともスー・フォールズの家畜取引市場における牛のオークションはこのような形で、「週に1度あるいは2度のペースでおこなわれている」ということはわかる。パッカーの買いつけという視点で見ればFed Cattle の買いつけがおこなわれているのは、水曜日のみである。

　これにたいし、スポットでの買いつけをおこなう場合には、実際のパッカーの買いつけ人は日々近隣の農場を見て回り直接交渉をおこなう形となる。一週間の時間的リスク、価格変動リスクは、生産者にとってもパッカーにとっても大きなものとなることはまちがいない。こうしたことから考えると、一週間のうち特定の日に取引が集中することは、リスクをおたがいに回避するという点から見てもある程度止むをえないのではないかという気がするし、これ自体が反競争的行為でありP&S法に反しているということにはならないと考えられる。ただし、地域の公設市場に

---

144 Sioux Falls Stockyards, 資料。アドレスは　http://www.siouxfallsstockyards.com/cgi-bin/stockyards/market_notes.pl　2006年9月15日アクセス。

おける指標価格が一週間という間、価格変動リスクにさらされるという点を考慮すると、ここにも中長期的には経営的観点から生産契約・販売契約を後押しする要因が埋め込まれていると言えそうである。

3）共通エージェント

　複数のパッカーが同じ代理人に買いつけを依頼するケースがある。この場合、だれが「懸念」を表明するであろうか？まず生産者、つまり家畜を販売したい農家、そしてほかには家畜取引市場の運営者自体が考えられる。GIPSAのレポート2001ではこの件について比較的簡単に記しているだけであるが、前年のレポート2000ではやや詳しく説明している。それによると、共通エージェントによる買いつけは潜在的に競争を減少させる可能性があるということは認識しているものの、そもそも一般的に買い手の数が少ないという点があるため問題はさらに複雑化しているとのことである。

　この問題は、地方の家畜取引市場になればなるほど深刻である。理論的には複数のパッカーの依頼を受けた共通エージェントの行動が競争を減少させることは十分理解できる一方、仮に特定地域の少ない需要のみを捌くために各パッカーがすべて代理人あるいは自社の人間を出すことは、パッカーにとっても効率的ではない。極論を言えば地域の事情をよく知っている代理人が「うまく捌いて」くれた方が、じつはおたがいに（パッカーと代理人双方にとって）手間もかからず都合が良いのかもしれない（ある程度の代理人の裁量は黙認するとしても……である）。

　ところが、生産者の懸念はまったく異なる。複数の買い手がいるはずなのにオークションに登場する窓口は同じ人間であるとなれば、やはり不信感は拭えるものではない。基本的にパッカーAとパッカーBは競争相手だからである。この場合、こうした運営を認めさせている市場そのものの管理体制が問われることとなる。

　GIPSAはレポート2000と2001で、継続してこの問題を調査すると明言してはいるが、翌年以降のレポートにはその結果は記されていない。

筆者が長年シカゴ穀物取引所（Chicago Board of Trade）で同様に複数の代理人を使用した経験から言えば、彼らは厳格な守秘義務を負っている。日本の企業を何社も顧客に持っている代理人ですら、同じ日にだれが動いているかといった話は一切しないし、たずねても一般情勢以外は応えない。ある顧客の情報を勝手に別の顧客に流せば訴えられるばかりでなく本人は解雇されることにもなりかねないからである。それなりの市場規模をもっているシカゴ穀物市場や、畜産で言えばオクラホマの家畜取引市場のようなところでは、このような形で共通代理人がいても通常はほとんど問題にならないケースが多いのではないかと思う。

　問題は、同じ業務・倫理基準で代理人が行動していたとしても、そして代理人本人に一切その気がなかったとしてもひとつのアクションが結果的に自然な形で参加者すべてに理解されてしまうような小規模な取引市場の場合である。たとえば、先のスー・フォールズの家畜取引市場であれば、牛の売買の代理人（commission firms）はわずか6社である。この市場の代理人が良いとか悪いという意味ではなく、仮に、この中の何社かが複数のパッカーの依頼を受けていた場合のことを考えてみよう。あくまでも推定である。同じ土地と同じ業界に長年かかわり、良いことも悪いこともすべてが筒抜けになるような狭い世界のなかで、どこまでこの問題を追及できるかは、地域における長年の商慣習やしがらみ、人間関係といった内容とも密接に関係している。

4）値決め方法

　生産者とパッカーはどのようにして価格を決めるのだろうか。[145] 先に述べた公設市場によるオークションを別とすれば、通常は一定の基準価格（base price）になんらかの方式で一定の修正を施したものを最終価格としているケースが多い。基準価格の選び方はさまざまである。パッカーが農務省当局に報告する価格の場合や、逆に当局から発表された価格であることもある。あるいは一般的によく知られてい

---

145 ここではグリッド・プライスなどの詳細には立ち入らず、基準価格を中心にして検討する。

るシカゴ商品取引所（Chicago Mercantile Exchange）の価格を基準にすることもあれば、個別の地域や個別のパッカーが独自にさまざまな要素を考慮して準備した独自のパッカー価格をもちいることもある。[146]

　基準価格をもちいる目的はいくつかあるが、まず、双方にとってわかりやすい、そして確認が容易であるということになる。つまり取引にかかわるコスト（transaction costs）が少なくて済むということである。もし、こうしたルールがなければ、なにをもって正当な基準価格とするかについて、売り手も買い手もつねにマーケットの動向を注視していなければならない。これには膨大な手間と時間がかかる。日本でも畜産に限らず地場の飼料原料取引などでは、業界紙の価格や全国紙の価格などをそのまま使用するケースや、ある時期の平均価格などをおたがいに確認できる基準価格としている例があるが、その意図するところは基本的に同じである。

　では、こうした形で基準価格をもちいることのデメリットはなにか。ひとつは生産者とパッカーの「情報・知識の差」という点がある。家畜の売り手である生産者は、パッカーと同程度の情報をつねに所持できているとは限らない。仮に基準価格自体を政府が発行するある情報誌の価格プラスいくらと決めた場合でも、なぜ政府の情報誌の価格が変化したか、なにが変化に影響したのか、さらに、だれがその元となるデータをいつどこで提供したのかといったさまざまな要素を考えたとき、一見、双方にとってフェアに思える基準価格も、じつは妙に買い手有利な仕組みに見えるのではないかという疑いを完全に払拭することは難しい。

　こうした懸念を払拭するために、GIPSA はアイオワ州立大学およびネブラスカ大学の合同研究として、テキサス州の通称パンハンドル地区と呼ばれている地域（同州北部のフライパンの柄のように細長くなっている地域で、肉牛肥育の主要地

---

[146] なお、2006 年 10 月 17 日付のニュース・リリースによれば、シカゴ穀物取引所（Chicago Board of Trade）とシカゴ商品取引所は合併することが伝えられている。

域のひとつ）においておこなわれた調査結果を取りあげ、「スポット（現物）市場で各工場（訳注：パッカー）が支払う平均価格に影響を与えることにより基準価格を変更するようないかなる証拠も発見することはできなかった」としている。ただし、同時に「各工場の平均支払い価格にもとづく基準価格の算定方式は、スポット市場の価格を操作あるいは工場の平均価格を誤って計算するようなインセンティブをパッカーにたいしてつくり出している」とも指摘している。[147] さらに、こうした値決め方法自体、パッカーが「内部価格」そのものを操作しやすい欠点を持っているということがほかの研究でも指摘されていると伝えている。

つまり、「どうもおかしい」と思って調査をしてみても証拠は見つからず「シロ」であると判断せざるをえないものの、値決めの仕組みそのものは悪意に解釈すればパッカーの裁量で操作可能であるという点がある以上、どうしても100％信頼することが不可能な要素として残ってしまう……ということである。この点についてレポート2003では、とくに「情報の非対称性」に関連する点を指摘している。すなわち、パッカーが買いつけ価格を算定する際に、公開されていない情報をもちいて価格算定を行えば、そこに売り手である生産者から見ればパッカーによる価格操作がおこなわれたと見られる余地が介在するというのである。

結局、GIPSAとしては各々のパッカーが値決めをおこなう際に課せられている契約内容の公開を適切に実施しているかどうかを精査するとともに、継続的なモニタリングを行っていくよりほかに手立てがないということになる。懸念が出されてからすでに5年以上を経た現在、パッカーと地域の生産者とのあいだに真の意味での「信頼」が確立しているのか、あるいは熾烈な競争の結果、生産者は（ひょっとすれば合法的ではあるがきわめて巧妙に操作された可能性を払拭できないままに）提示価格を受け入れざるをえなくなっているのか、このあたりはさらなる検討が必要であ

---

147 GIPSA、レポート2000、31ページ。GIPSAが引用した原文は，Schroeter, John R., and Azzeddine Azzam, "Econometric Analysis of Fed Cattle Procurement in the Texas Panhandle," Iowa State University and University of Nebraska-Lincoln, November 1999.

る。おそらく、事情は地域ごと、そしてケース・バイ・ケースで異なっているであろうが、大きな流れとしては、個別に独立した「古き良き時代の」イメージに代表されるような家族農場にとっては厳しい状況となっていることはまちがいない。家畜の飼養だけでなく、農場としての経営を成立させるためには、もはや畜産技術だけでは立ち行かず、経営面や法律面の専門的知識・技術が必須になってきているのである。

5）薄い現物市場

　契約生産や契約販売が普及すると、その結果として現物（スポット）市場での取引が減少する。一般に取引数量が少ないマーケットのことを「薄い」市場と呼ぶが、こうした市場では数少ない買い手が売り手にたいして影響力をおよぼす可能性がある。この問題は、牛よりも豚の取引において問題視された。その理由は、豚の場合、スポット市場で取引される数量が少数（2000年1月時点では全体の約4分の1）であったにもかかわらず、契約取引における取引価格の約半数がスポット市場の価格にもとづいて決められていたからである。

　ここでもロジックは簡単である。おおくの豚は契約生産、契約販売のもとにあり、スポット市場での取引は少ない。スポット市場での取引が少なければ価格は押さえ込まれる。そして、その押さえ込まれた価格を基準にパッカーは契約にもとづき安価な価格で豚を買いつける。生産者側としては、「スポット市場の価格はマーケット全体の価格を適切に反映していない」との気持ちが強くなることはいなめない。極端な例を出せば、3軒の農家が各100頭の豚を売りに出すとき、パッカーはスポット市場では基準価格（base price）を得るために1頭だけ買えば良いとする。3軒が各1頭をスポット市場に出し（売り手3名）、パッカーが1頭だけを買うとなれば、ここは買い手市場となろう。その価格を元に、残りの99頭（実際には売れなかった2頭を含めた299頭）の価格が決められるということにもなりかねない。

　ここでは基準価格というものの妥当性が問われている。おおくの場合、スポット市場の価格の妥当性が不明瞭になってきたときには、売り手と買い手はおたがいに

相談して、より妥当性の高い価格、つまり取引数量がおおく指標として適切であると思われるほかの市場の価格を基準価格とするような形に契約内容を変更していくことが望ましい。問題は、こうした変更がどの程度現実におこなわれているかである。

　飼料原料に関する筆者の個人的な体験であるが、地域独自の地場産原料（たとえば米糠など）を買いつけるときに、こうした基準価格が無くて苦労した覚えがある。たとえば、地元の問屋筋に打診して得た価格と理論上の価格が大きく異なるときに、その差を説明できるような明快な理由が見つかればよいが、おおくの場合には難しい。関東、関西、東北、各々の地域で独自マーケットが動いているし、集中精米所から出てくる糠と小口の糠ではこれも流通コストが異なってくる。取引が少なくマーケットが「薄い」ときには、トラック1台分の注文を出しただけで価格が跳ね上がったことが何度もあり、予定していた価格との格差で苦労したことは忘れられない。

　アメリカの豚のスポット市場に関し提起されている「懸念」も構造的には同じである。畜産物自体のスポット市場の価格が妥当性を持たないという状況に陥ってきたときには、たとえば、その畜産物の飼料となる穀物価格に一定の算式を加味した形で双方が納得できる形の基準価格を定義しなおすなどの努力が必要であろう。おそらくは、おおくの現場レベルにおいてこうした努力がなされなかったことが「懸念」の原因になっているのではないかと思われる。現在までにどの程度こうした努力がなされてきているのかについては、かつて具体的にクレームが出されていた地域の生産者にたいし、一定期間後に再度調査をしていくのが一番である。残念なことに現在のGIPSAがこうした形のフォローアップ調査を行っているかどうかは不明である。

6）価格報告義務
　1999年家畜価格報告法（Livestock Mandatory Reporting Act of 1999）は、それまでの自由意思による価格報告を改め、パッカーも生産者も家畜（cattle, hogs, sheep）および箱詰め肉（boxed beef and lamb）の価格を当局にたいして報告する

第1節　アメリカ農務省レポートに見る集中と環境に関する「懸念すべき事項」

ことを定めている。GIPSA はこれにもとづき、2001 年 4 月に通称 MPR（Mandatory Price Reporting）と呼ばれる家畜価格報告システム（Livestock Mandatory Reporting System を開始した。

　この法律についてのクレームとして GIPSA のレポート 2000 が紹介しているものは複数あるが、ひとつは手間がかかりすぎるというものである。とくに、こうしたペーパーワークが増えることにより、中小規模のパッカーにとってはコスト増から廃業に追い込まれる可能性、あるいはこうしたコストは結局のところ生産者からの買いつけ価格に転嫁されるかであろうという可能性である。このほかに、こうした一律の報告により、本質が見えにくくなるという懸念もある。正直言って、現実にはほとんど役に立たない膨大なデータを収集する「仕事」だけが増えるというものである。あるいはさらに悪く見れば、かえってパッカー同士の共謀（collusion）を招くことになりかねないとの指摘もなされている。[148]

　これにたいし、翌年のレポート 2001 では MPR がスタートしたこともあり、前年のようなネガティブな指摘は一切無くなり、MPR の具体的な内容と 2001 年 8 月に改定された実施ガイドラインのポイントや現実に MPR がどの程度の数量をカバーしているのかといった内容に記載内容がシフトしている。ちなみにアメリカ農務省農業マーケティング局（AMS：Agricultural Marketing Service）では、牛および豚については連邦政府が検査したと畜頭数の 90％以上が報告されているが、豚についてはこの MPR の対象とはなっておらず、全生産量の 5％未満の価格情報しか報告されていない。これは畜種ごとに事情が異なるとはいえ、同じ畜産物としてバランスを欠いていることはいなめない。

7）キャプティブ・サプライ

　キャプティブ・サプライ（captive supply）は、わが国では聞きなれない用語であるが、過去何年にもわたり畜産農家や食肉加工業界とその関係者の関心を集めて

---

148 GIPSA レポート 2000、32 ページ。

第3章　アメリカにおける食肉加工産業の集中と環境

きた。日本語への適訳が無かっただけでなく、アメリカの関係者間でも用語の明確な意味が十分に理解されていないことがおおく、対象とする概念の領域も広いため、全体を包括するような形での日本への紹介もきわめて限られていた。[149] そしてアメリカの業界関係者間でも家畜の調達・確保といった側面を重視した考え方、あるいは価格決定の段階に注目した考え方などが入り乱れていたのが実態である。[150] まず、GIPSA の定義を記しておこう。

GIPSA defines captive supply as livestock owned or fed by a packer more than 14 days prior to slaughter, livestock procured by a packer through a contract or marketing agreement that has been in place for more than 14 days, or livestock otherwise committed to a packer more than 14 days prior to slaughter.

（GIPSA はキャプティブ・サプライを以下のとおり定めている）
- と畜 14 日以上前にパッカーにより所有あるいは飼育された家畜か、
- 期間 14 日以上の契約あるいは販売契約を通じてパッカーにより調達された家畜か、
- これ以外で、と畜 14 日以上前にパッカーに委ねられた家畜

---

[149] この点について言及している数少ない日本の文献としては、新山陽子『牛肉のフードシステム』2001 年　96 ページ。

[150] 穀物取引に詳しい物であればベーシス取引という概念が思い浮かぶであろう。シカゴ定期価格と特定の産地価格との差であるベーシスの売買により穀物取引はスタートするが、プライシングが終了するまでは最終価格は売り手も買い手もわからない。これと同じ原理でたとえば肥育牛をベーシスで取引することはもちろん可能であるし、価格リスクをヘッジするために、ベーシス取引は各所で勧められてもいる。もちろん、ベーシス取引をおこなうためには、場合によってはオプション取引の理解が不可欠であることは言うまでもない。ここではベーシス取引そのものの説明は割愛するが、キャプティブ・サプライの概念が混乱した原因のひとつには、畜産物先物市場を使用した肥育牛ベーシス取引の対象家畜をすべて価格未決定ということでキャプティブ・サプライの範疇に含めるか否かという点で、関係者の見解が異なっていたことがあったと伝えられている。

第1節　アメリカ農務省レポートに見る集中と環境に関する「懸念すべき事項」

　キャプティブ・サプライの本質は「供給に対する拘束」である。これは市場に出回っておらず農場での生産段階にある家畜へのパッカーの拘束性がどこまでおよんでいるかを示す概念である。このため、この概念は牛だけでなくほかの家畜にたいしても該当する。

　キャプティブ・サプライにたいして懸念を表明する側は、これによりパッカー自身がスポット市場で買いつける家畜の数が減少し、価格が低下することを懸念している。さらに生産者の側から見れば、仮にパッカーとの間で、たとえば先渡しの販売契約を締結したくない場合でも、スポット市場での取引数量が減少した場合には契約を締結せざるをえないということになる。また、小規模な生産者にとっては自分達に不利な契約内容であってもそれ以外に選択肢がないというケースすら存在することになる。

　こうした不安にたいし、レポート2001では、結局のところキャプティブ・サプライは市場における需要と供給の総数に影響を与えている訳ではないのだから心配にはおよばないとする見解（極論を言えば、取引総数が同じで取引方法がスポット市場から契約取引になっただけと考えることもできる）や、取引コストを減少させ、消費者の嗜好の変化に対応する長期的な業界の健全性に寄与するという肯定的見解が併記されている。

　こうした議論の影響や公表されているキャプティブ・サプライの数値の正確性に対する関心からGIPSAはキャプティブ・サプライに関する別途調査をおこない、2002年1月に独立した報告書を作成している。[151]　一方、レポート2001に記載されている要点は以下の3点である。

---

151 USDA-GIPSA, "Captive Supply of Cattle and GIPSA's Reporting of Captive Supply,", Jan 2002. アドレスは http://archive.gipsa.usda.gov/pubs/captive_supply/captivesupplyreport.pdf. 2006年9月27日アクセス。

第3章　アメリカにおける食肉加工産業の集中と環境

　第一に、これまで数おおくのキャプティブ・サプライに関する異なる数値が出されてきたが、それは前提となるキャプティブ・サプライの定義そのものや対象とする地域などが異なっていたためである。そして、GIPSAとしては前述の定義が唯一の定義であり、家畜のと畜前にパッカーが購入することを約束しているという点にもとづいた本来のキャプティブ・サプライの統計であると主張している。

　第二に、GIPSAが分析した1999年の上位4社の数字には、通常のパッカーの報告数字だけでなく、キャプティブ・サプライと考えられる契約によりGIPSAに対する報告義務のないような、パッカーの子会社や関連会社、そのほかからの調達も含まれている。

　第三に、1999年の数字によると、上位4社のキャプティブ・サプライの数字は牛の場合、全と畜数量の32.3%（販売契約あるいは先渡し契約にもとづく部分が23.9%、パッカーによる肥育が8.4%）であり、もともとパッカーが報告した数字である25.2%と差が生じているが、これはキャプティブ・サプライの定義の違いによるものである。

　長期にわたり「混乱」が続いたキャプティブ・サプライという用語の解釈は、最終的にGIPSAが先に述べた定義を明確に官報に記載したことにより一応の決着を見た形となった。そして、その後1996年2月に公表されたGIPSAおよびP&SP（Packers & Stockyards Program）の調査報告書である「赤肉加工業界における集中（Concentration in the Red Meat Packing Industry）」では、牛肉加工業界におけるキャプティブ・サプライについて一章が設けられているが、そこで述べられている調査分析結果の概要は以下のとおりである。ここは重要なポイントであるため、報告書の要旨部分にまとめられた8項目の概要をすべて紹介する。[152]

152　原文は以下のアドレスで参照可能。http://archive.gipsa.usda.gov/pubs/packers/conc-rpt.pdf
　　2006年9月27日アクセス。

- パッカーは家畜の買いつけに関し、先渡し契約にするか現物（スポット）市場でおこなうかについては日々の状況にもとづき（day-to-day basis）、同時に決定していること。
- 現物市場での価格が上昇すれば理論的に想定されるようにパッカーの独自肥育やさまざまな契約にもとづく肥育が増加すること。
- 加工工場の稼働率が上昇すればキャプティブ・サプライも増加していること。これは逆に、稼働率を上げるためにキャプティブ・サプライを使用している可能性をも示唆している。
- さまざまな契約形態（販売契約、先渡し契約、パッカー独自肥育など）は広範におこなわれており、各々のあいだに特定企業、加工工場の位置、そして地理的な特性といった形での特別な関連性は無かったこと。
- すべてではないが、複数の工場ではと畜数量を最高水準でおこなうべくキャプティブ・サプライを活用しており、価格に対するパッカーの予想が特定のキャプティブ・サプライを活用するかどうかを決定していること。パッカーとして価格が上昇すると見ればキャプティブ・サプライは増加し、下落すると見れば減少することになる。
- 個々の取引の分析から見た場合、同じ日のマーケットでは先渡し契約の価格の方が現物市場の価格よりも安い傾向があるのにたいし、販売契約の価格はやや高くなっていること。
- 短期的に見た場合のキャプティブ・サプライの現物市場に対する影響度はネガティブだが非常に小さいこと。
- この調査が業界におけるキャプティブ・サプライの全体的な役割について示していることは、対象となった期間における影響は非常に少ないということ。

　若干の筆者コメントを追加しておこう。食肉製品の製造業者としてのパッカーの立場から見れば家畜は加工用原材料である。資本投下した工場を効率的に操業するという立場に立てば、継続的に一定数量・同品質の原材料が入荷してくることが望ましいことは言うまでもない。こうした基本に立てば、キャプティブ・サプライの

もっとも重要な役割は、不安定な現物市場に依存するよりは「みずから計算可能な」キャプティブ・サプライを有効に活用して工場の稼働率を上げるという点にあることは明らかである。キャプティブ・サプライは、用語は異なっていても本質は原材料確保、そして加工工場の稼働率維持・向上のための契約生産と同じ機能を果たしていると考えられる。

　この視点に立てば、パッカーによる家畜の価格見通しの上下と、キャプティブ・サプライの増減が対応しているというのはあたりまえのこととなる。上がると思えば「買い」、下がると思えば「手控える（あるいは売る）」という基本原則に、パッカーは忠実に従っているにすぎない。契約形態の差による価格差については、個別の契約条項の詳細が不明なため一概には言えないが、基本的には「1年後の100ドルより今日の100ドル」というキャッシュ・現在価値優先の考え方と、その時どきのマーケットにおける可能なかぎりの要素を考慮した上での現在価値同士の比較、そしてマクロベースでは牛肉の需給という問題があるにせよ、個別地域においては工場を操業するパッカーの稼働率維持・向上の必要性の程度といった諸要素の結果ではないかと考えられる。

　なお、GIPSAは2004会計年度において民間の非営利調査企業であるRTI International（RTI）に家畜および食肉のマーケティング調査（Livestock and Meat Marketing Study）を委託している。この調査は畜産および食肉加工業界の構造変化に対するさまざまな疑問を調べることを目的とし、2005会計年度および2006会計年度中に各々別途報告書を作成する予定となっている。

8）市場アクセスと価格差

　ここで言う市場アクセス（market access）とは、パッカーの集中・寡占化に伴い生産者としては自分の地域において家畜を買いつけてくれる買い手の数がきわめて少なくなる状況のことである。一般的にはあまり耳にしない用語であるが、こうした状況を買手寡占（oligopsony）という。

第1節　アメリカ農務省レポートに見る集中と環境に関する「懸念すべき事項」

　ある市場を1社がすべて支配する独占を理論的に分類した場合、通常の売手独占を意味する monopoly と、逆の買手独占を意味する monopsony があるが、現実のマーケットでは、monopoly や monopsony に相当する完全な独占よりも、少数の有力な企業が支配している寡占（oligopoly）状態の方が多い。このため、（売手）寡占を意味する oligopoly ではなく買手寡占という意味で oligopsony と呼ばれている。

　では買手寡占の状況に陥った関係者が直面している現実の具体的「懸念」とはどのようなものか、これについて GIPSA のレポート 2001 では以下のような懸念が指摘されている。

　生産者の視点から見れば、小規模生産者と大規模生産者で契約の内容が異なること、生産者によっては（筆者注：合併や撤退などにより地域で唯一となったような）パッカーとの新規契約締結が難しい状況が生じていること、そもそも小規模生産者はパッカーと契約の詳細を交渉する能力そのものが十分でないこと、さらに、パッカーから提示される価格も規模により異なること、支払い条件なども異なっていることなどである。

　この問題は、大きくふたつに分かれている。第一は生産者ごとに異なって提示されるパッカーの買いつけ価格の問題である。パッカーが複数存在した場合には、生産者はいくつかの選択肢の中からもっとも有利な（高い）ものを選ぶことができた。ところが買い手が1社になり、しかも同じように飼育をしてきた隣の生産者には自分より高い価格が提示されているとなれば、そこは心情的にも納得できないのが本音であろう。

　問題は、これが本当にビジネス上の判断にもとづく妥当なものであるかどうかに尽きる。GIPSA のレポート 2000 および 2001 では「正当な根拠のあるビジネス上の理由にもとづけば、家畜の売り手に対する買いつけ価格の差は正当化される」との近年の裁判例（合衆国対 IBP 社事件）の文言を引用し、仮にある生産者に対する価格がほかの生産者に対する価格よりも高い場合、これがおかしいと思う場合に

は、当局は不当に差別的（unjustly discriminatory）であることを証明しなければならないとしている。[153]

　さて、第二は「契約」そのものにかかわる問題である。従来、農畜産物の取引は、取引対象が最終的にはすべて「天候」や「生物」という人間の力だけではどうしようもない要素を含んでいるという、「リスク」のある取引であった。この点は売り手も買い手も理解した上でおこなわれてきた。これにたいし、人為的な約束概念である「契約」に記載された条項の厳密な遂行がどのような場合でもどこまで可能かというきわめて長い歴史を持つ議論が存在した。農畜産物は自動車や石鹸とは異なり、工業製品ではないという見解である。[154]

　過去の経過を客観的に見れば、耕種分野と畜産分野では、一部の特殊用途の穀物などの契約生産を別にすれば、バルク取引ではなく頭数のカウントが可能な畜産は比較的契約概念に適合しやすかったといえる。さらに、畜産のなかでも家禽生産がもっとも「工業生産」に近い形で発展したことは歴史が示している。現在では、パッカーの再編・統合という形で顕在化した食肉加工企業の集中により、大家畜である牛や豚の生産者ですら、否応なく「契約」という概念に直面し翻弄されている姿が浮き彫りにされているとも考えられる。[155]

　なお、集中に伴う「懸念すべき事項」として「契約」が登場したことは、他産業の例から見てもわかるとおり、「懸念」がいくつかの段階を経ることを意味している。

---

153 GIPSAレポート2001、55ページ。
154 「動物愛護」の問題、不適切な扱いを受ける家畜・家禽の問題は近年多大な議論を呼び、家畜の飼養形態やパッカーの家畜処理方法にも影響を与えてきているがここでは省略する。
155 農産物取引を厳密な「契約」とみなすことに対する農業生産者の抵抗には長い歴史がある。近年でも、天候によるリスクを考慮した場合、通常の「不可抗力」条項をもちいて「契約」を締結するよりは、「契約的」取引なる用語をもちいて、そもそも当該取引は厳密な「契約」取引とは異なる、うまくいかなかったときはそのときに双方で考えるといった形式のなんとも言えない交渉をしている不可思議な例を何度か見たことがある。

第1節　アメリカ農務省レポートに見る集中と環境に関する「懸念すべき事項」

　最初は、たんに契約ができない、あるいは契約内容が異なるという現状把握の段階、これが上記で述べた内容である。次に、どうしたら「契約」で不利にならないことができるかという学習の段階がある。ここで組織的な学習が可能な企業畜産農家は個人の小規模生産者よりも情報収集と蓄積・弁護士との折衝といった面で有利に立つことが多い。ただし、そうはいってもアメリカの場合、個人でも十分に訴訟を提起する生産者は多い。

　そして最終段階として、どのような場合に必要であれば相手（パッカー）を訴えることができるか、自分としてはどこまでのことをしっかりと準備しておけば責任を帰せられずに済むかという問題解決を考える段階である。ここに至る過程はおおくの生産者が直面するが、各段階を乗り越えるまでに要する期間は各々の経験・能力、そして直面した具体的な問題により異なっている。GIPSAのレポート2000および2001は、この最後の点を別項「契約におけるフェアな取りあつかい」として取りあげているが、これは生産者間でも懸念している内容のレベルに相当の差があることを示している。

9）契約におけるフェアな取りあつかい

　通常、我われがなんらかの契約を提示された場合、具体的にどのような行動を取るかを考えてみたい。実際には詳細な契約内容を読まずに、先方から重要なポイントの説明を受けサインをしてしまうことがかなり多いのではないかと思う。ここで、もし先方が「守秘条項」として以下のことを言った場合はどうであろうか。

　「この契約の内容は他言無用ということが定められている。」あるいは
　「生産者は当契約の条項を契約当事者以外に漏らしてはならない。」

　おおくのアメリカ人の場合、個人的に親しい弁護士や企業では顧問弁護士がいる。畜産生産者の場合も基本的には同じである。ただし、たとえば、パッカーからある内容の家畜の買いつけ契約を提示されたときに、念のため弁護士と相談して……というようなケースは伝統的な小規模家族経営を行っている生産者の場合、それほど

おおくはないのではないかと思われる。そもそも契約内容をしっかりと理解してサインした生産者が多ければ、こうした項目が「懸念すべき事項」に取りあげられることもないであろう。また、有能な弁護士の場合には相談を受けただけでも一定の料金を請求するだろうから、実際には生産者自身が軽く一読してサインし、後で問題に直面するというパターンもかなり頻出していたのではないかと思う。

こうした問題に対処するため、生産者団体や当局は「モデル契約」のようなものを公表し、相談を受けつけ、あるいは難解な法律用語を可能なかぎり平易な言葉で置き換えるようにアドバイスをおこなっている。

ちなみに、ここで言及されているようなモデル契約を入手しようとした場合、かつては産地調査をした上で、先方の生産者やパッカーの了解を得て白紙フォームを入手していた時代があったが、今ではインターネットを活用して容易に参照することができる。やや古いものであるが、サウスダコタ州立大学と農務省付属の Cooperative Extension Service が公開している家畜飼養委託契約（Livestock Contract Feeding Arrangement）という例を簡単に紹介しておく。これは家畜のオーナーが一定期間、たとえばフィードロットなどに肥育を委託する場合のモデル契約の例である。生産者が契約を締結する際に考慮すべき要点をまとめた簡単なペーパーが添付されているため、親切な内容となっている。

付属ペーパーでは、家畜のオーナーがフィードロットと契約を締結するに際し、最初に留意しておくべき要点として、体重の減少や計量時の状況、輸送、販売付随費用、一般管理費、飼料代、販売利益の分配方法、獣医師の費用といったものがおもな項目であると説明している。その上で、基本的に契約の種類としては四種類（在庫ベースタイプ、損益折半タイプ、一定重量（ポンド）あたり利益決定タイプ、カスタム・フィーディング）が存在することと、各々の特徴を説明した上で、主要な契約条項（引渡日、最低受入体重・品質、責任・所有権の移転、給餌義務、健康管理、死亡率、販売、その他）の説明を行っている。そして、最後に契約書の白紙フォー

第1節　アメリカ農務省レポートに見る集中と環境に関する「懸念すべき事項」

ムが実際に公開されているので、ご関心のある方は直接ご参照いただきたい。[156]

　ところで、P&S法で重要な点は違法行為に対する農務省の監督権限が一定程度制限されている点にある。P&S法が対象としているのは、あくまでも「畜産生産者とパッカーあるいは法に定められた者との間の生産契約が対象」である。業界関係者あるいは法律に詳しい人間であればすぐに気がつくであろうが、たとえば畜産生産者同士がおたがいにおこなう生産契約は対象外であるし、畜産生産者と飼料会社がおこなう生産契約も対象外となる。これが法律の法律たる所以であり、「割り切れない」思いが残る原因でもあろう。[157]

　先に「生産者間でも懸念している内容のレベルに相当の差がある」という点を指摘したが、生産者の契約に対する理解度が高まるにつれ、言い換えれば、時間の経過とともに、GIPSAレポートにおける「契約」に関する「懸念すべき事項」は変化を見せている。実際、GIPSAレポート2003では、項目が契約条項（Contract Terms）と特定契約条項（Specific Contract Provisions）という形に二本立てになっており、先に述べた「守秘条項」は後者のひとつとなっている。

　まず、前者については、これまでの牛や豚から対象が家禽（パッカーおよびディーラー）にシフトしていることと、ここでも生産者がよく理解していないあいだにパッカーや家禽ディーラーとの間の契約が変化していたことに対する不満が記されている。そして調査をしてみれば、ほとんどの場合、もともとの契約自体に契約内容の

156　アドレスは　http://agbiopubs.sdstate.edu/articles/ExEx5032.pdf#search=%22livestock%20contract%20form%22　2006年9月20日アクセス。
157　レポート2001ではこの部分の記述は無くなっている。かわりに、2002年農業法では新たに豚の契約生産者（swine contractor）がP&S法の対象とされたことが記されている。これも近年の急速な企業養豚の台頭による影響であろう。2002年農業法 Farm Security and Rural Investment Act of 2003, Title X Subtitle F Sec10502 参照。原文は　http://www.nrcs.usda.gov/about/legislative/pdf/PLaw107171.pdf#search=%22Farm%20Security%20and%20Rural%20Improvement%20Act%20of%202002%22　2006年9月21日アクセス。

変更を許容する条項が記されており、それを生産者自身気がつかなかった、あるいはその条項の持つ真の意味を理解していなかったという結果になっている。[158]

後者の特定契約条項の事例としては三つの点が示されている。第一は、豚の「ウィンドウ契約（window contract）」と言われているものである。ウィンドウといっても窓ではなく、価格の上限と下限が事前に契約で定められ、市場価格の変動がその幅を超えた場合でも生産者が受取る金額は当初設定された上限あるいは下限であり、実際の市場価格との差は帳簿上だけに記される……というものである。

生産者が受取る現金は一定のレンジのなかでのみ動くため、キャッシュフロー管理という点ではうまくいくし、長期で見ればレンジ外の帳簿上の債権債務も相殺されるはず……であるが、実際には、価格が下落したままであれば契約期間の最後に帳簿上の負債をすべて支払わなければならないのは当然である。この結果、日常のキャッシュに対する不安が解消した分、現実のマーケットで損失が生じた場合でも危機意識が希薄になりやすくなる。また、負債が残っていれば契約期間終了時であっても容易に販売先を変更することが難しい。結果として、生産者の経営者としての独立性が失われる……ということになる。

第二は、値決め方式を変更する生産者の権利という形になっているが、本質はパッカーに縛りつけられている生産者の苦悩を表している。何度も述べているとおり、潜在的な買い手が減少している以上、ほかのパッカーに売りたいと思っていても相

---

[158] 畜産関係でなくても、たとえば金銭貸借契約における「期限の利益喪失」約款はほとんどの契約書に記されているにもかかわらず、たとえば一度だけ返済期日を守らなかった場合には、謝罪した上で次からは予定どおりに支払えばよいといった「基本的な誤解」が後を絶たない。一度返済が滞れば、全額一括返済をしなければならず、その意味で「期限の利益」つまり分割払いというメリットは喪失しても構わないということに、署名している本人自身気がついていないところに悲劇がある。同様の約款を、多少内容をアレンジして家畜の品質や引渡し、代金支払いなどに応用していくことはいくらでも可能である。通常時にはほとんど影響はないが、なにかの都合で予定が狂ったときにはこうした条項にもとづき容赦ない対応がなされることになる。

第1節　アメリカ農務省レポートに見る集中と環境に関する「懸念すべき事項」

手がいない。あるいはパーカーの口座に残っている自分の債権債務を整理しないかぎり生産者はほかへ移ることもできない。逆にパッカーの視点から見れば、生産者がほかへ売る心配をすることなく、合法的な範囲内で値決め方式その他を自由に変更できる。場合によっては実質的にオール・オア・ナッシングに近い形で有利な立場にたつことが可能となるというものである。日本の独占禁止法に不公正な取引の具体的な内容として「拘束条件付取引」や「優越的地位の濫用」という項目があるが、これに近い状況に陥る可能性は完全に払拭できる訳ではない。[159]

さて、以上の内容について GIPSA はどのような見解を示しているのかを見てみよう。まずは原則論である。いかなる者も契約は自由、双方が納得するかぎり契約を自由に締結する権利を有しており、P&S 法もそれを妨げるものではない。そして、契約の当事者は、双方にとってもっとも都合が良い形に契約をつくりあげることができる。「したがって」、P&S 法は先に述べたような「ウィンドウ契約」にたいしてどのような規制もおこなうことができないというのが GIPSA の主張である。

これはそのとおりである。少なくとも生産者は価格下落時にも市場価格ではなく一定下限価格での支払いを保証されていた訳であるし、マーケットの変動は予想できない以上、契約上は GIPSA が踏み込む余地はない。この意味では上記第二の点についても同じである。実際問題として、買い手が一社しかなくても、それはそれで納得して契約を締結した以上、みずからの債務を放り出して逃げる訳にはいかない。もちろん、パッカーが有利な立場を利用して違法な振る舞いを行えば別であるが、グレーゾーンの場合には判断が難しくなることはまちがいない。

---

[159] 日本の独占禁止法上の「不公正な取引」の概要は通常「一般指定」と呼ばれている昭和57年の公正取引委員会告示第5号に示されている以下の16項目である。共同の取引拒絶、そのほかの取引拒絶、差別対価、取引条件等の差別的取りあつかい、事業者団体における差別的取りあつかい、不当廉売、不当高価購入、欺瞞的顧客取引、不当な利益による顧客誘引、抱き合わせ販売等、排他条件付取引、再販売価格の拘束、優越的地位の濫用、競争者に対する取引妨害、競争会社に対する内部干渉。

さて、「守秘条項」であるが、これはいわゆる 2002 年農業法（Farm Security and Rural Investment Act of 2002）において、P&S 法を改正することによりそれまでの不備が補われている。同法 Sec.10503 契約条項を議論する権利（Right to Discuss Terms of Contract）は、家畜および家禽に関し、仮に守秘条項があったとしても、契約期間 1 年以上の契約については、1）連邦あるいは州の機関、2）法律アドバイザー、3）当事者への資金の貸し手、4）当事者に雇われた会計士、5）当事者の（訳注：企業の）役員あるいはマネジャー、6）当事者の地主、7）当事者の直近の家族、と契約内容の詳細あるいは契約条項について相談することを認めている。[160]

正直なところ、法律にここまで書かなければならないということは、2002 年農業法が施行される以前は、現場ベースでは先のクレームに記されているようにさまざまなことがあったということを想像するしかない。ただし、あくまでもすべてはおたがいに納得済みあるいは合法的におこなわれてきたということであろう。

最後に、こうした契約上の問題に対する解決サービスの一環として GIPSA がレポート 2003 で言及している Swine Contract Library について記しておく。直訳すれば「豚の契約」図書館ということになるが、これはもともと 1999 年家畜報告義務法（Livestock Mandatory Reporting Act of 1999）にもとづき、その後 2003 年に養豚・豚肉加工業界で実際におこなわれているさまざまな契約の種類や内容についての総合的なウェブサイトを意図したものであった。2003 年に発行された最終ルールでは、年間 10 万頭以上の豚を買いつけているパッカーおよび連邦政府の検査を受けて年間 10 万頭以上の豚のと畜を行っている加工工場にたいし、契約内容や具体的なと畜頭数に関する報告を義務づけたものである。

---

[160] Sec.10503. 原文は以下のアドレス。http://www.nrcs.usda.gov/about/legislative/pdf/PLaw107171.pdf#search=%22Farm%20Security%20and%20Rural%20Improvement%20Act%20of%202002%22　2006 年 9 月 20 日アクセス。

第1節　アメリカ農務省レポートに見る集中と環境に関する「懸念すべき事項」

　GIPSAは2003年12月にウェブサイト上でこれを公開したが、2005年9月末をもってパッカーの報告義務が終了したため、それ以降はあくまでもパッカーの自主的な報告にもとづくものとして公開されている。[161]

　それにしても、実際に機能した期間がわずか一年半というのはやや物足りない。GIPSAレポート2003では、この項目の説明にかなりの量を費やしていながら、翌年のレポート2004ではまったく異なる構成にして記述を無くしている。少なくともレポート2004が発表された2005年4月時点ではSwine Contract Libraryは稼動していた以上、レポート2004の項目として、それなりのアップデートした記述を残しておくか、あるいは2005年9月末で報告義務が終了し、その後は自主報告にもとづいた形で情報を公開していくことを明確に記載しておくべきだと思う。

4. パッキング・プラントの操業とマーケッティングにおける技術変化

1）家畜、食肉、家禽肉の評価機器とシステム

　レポート2000および2001では、この項目はたんに枝肉評価（Carcass Evaluation）という形でのみ記されていた。農務省が定めている規格こそ決まっていたものの、電子機器をもちいた場合にある枝肉がどの規格に該当するかという判断の手法については各パッカーが各々独自に開発した方法と機器にもとづいて行っていたというのが実態であった。そして、生産者に対する支払いも、たとえばグレードだけ、重量だけ、あるいはグレードと重量を合わせて金額を決める方法や、豚の場合には脂肪や腱などをほとんど含まない筋肉部分だけのリーン肉の割合、主要なカット肉になる部分だけの量や重さにもとづく方法などが混在していた。そして、どのような器具をもちいて肉質を判断するかについてもパッカーにより異なっていたという。

161　アドレスは　http://scl.gipsa.usda.gov/　2006年9月20日アクセス。

この結果、業界関係者から出てきた共通の「懸念」として、とくに電子機器をもちいておこなう評価方法についての「業界標準」が欠如しているため、価格について他社との比較が困難という問題が提起されたのである。そして、GIPSA は農務省内のほかの機関と合同で、電子機器をもちいた食肉評価システム構築のためのコミッティーを立ちあげることとなった。F10 と呼ばれるコミッティーが正式に発足したのは 2001 年 11 月である。それでもレポート 2003 が対象とした 2002 年 9 月末時点では業界標準はまだできていなかった。[162]

豚肉の場合、おおくのパッカーはリーン肉の割合で生産者に支払う金額を決定しているが、電子機器による標準評価方法が確立されていないだけでなく、リーン肉を判定する機器そのものも異なっているパッカー間の価格をどう比較するかという問題があった。これにたいし、牛肉の場合には実際に評価人が目で見て評価をおこなう場合と、電子機器をもちいて得た情報を加味する場合が混在していたが、こちらも標準的な評価方法が確立されておらず、パッカー間での比較は困難だったのである。

2003 年になり、農務省はようやく牛肉についてリブアイ（ribeye）の大きさの電子的な評価に関する視覚を基準とした標準手法を開発している。さらに、2005 年には ASTM（アメリカ材料試験協会：American Society for Testing and Materials）による自主的な基準として 4 項目が公表された。評価をおこなう機器のデザイン、パフォーマンス、ユーザーの義務、そして予想される正確性である。機器のデザインは機器そのものを製造している業者に影響し、パフォーマンスは機器の製造業者だけでなく、当然パッカーやディーラーにも影響をおよぼす。ユーザー

---

[162] F10 には以下の組織が含まれている。National Pork Producers Council（NPPC）、National Institute of Standards and Technology（NIST）、USDA-AMS（Agricultural Marketing Service）、USDA-ARS（Agricultural Research Service）。このほか、計量検査官、学者、パッカー数社、評価機器の製造業者である。

の義務とは機器の正しい使い方、メンテナンスや検査方法などであるため、当然パッカーやディーラーに影響する。そしてこれらにもとづき収集したデータを基準にして生産者に支払う金額を正確に算出するということになる。

GIPSA のレポート 2005 によれば、2005 年 7 月には、計量に関する全米会議（NCWM：National Conference of Weighs and Measures、計量に関する全米会議）は電子的機器をもちいた枝肉評価に関する業界の自主基準を米国立標準技術研究所（NIST：National Institute of Standards and Technology：アメリカ国立標準技術研究所）のハンドブック 44 に採用したとのコメントがなされている。このハンドブック 44 に採用されたということは、そこに記されている標準的手法の採用が現場の検査においていずれ遵守事項となっていくことを意味している。

こうした問題は、どこかでだれかが地道な努力を続けていかないかぎりいつまでたっても解決しない。電子機器をもちいた検査が普及すればするほど一定のルールの策定が必要になるが、技術の進歩との競争である以上、今後も終わることなくつねに時間との戦いを要求される分野でもある。

2）記録保存

記録保存の問題はレポート 2000 と 2001 では分類されている箇所が異なっているが内容は同じである。さまざまな「懸念すべき事項」が提起されてきたなかで、GIPSA は実際にパッカーの調査を行った。その際、と畜や取引の記録がパッカーごとにかなり異なった方法で保存されていることに気がついたことから提起された問題である。

レポート 2000 では、この問題にたいし、近い将来 GIPSA として取り組む意向があるという明確な意思表明がなされている。つづくレポート 2001 では、パッカーにたいして正確な数字を報告してもらうために、GIPSA が提出を要求している様式の各項目に対する定義を明確化したとのコメントが記されている。この様式は、通常 Form P&SP-3100 と呼ばれているもので、パッカーは暦年ベースで報告する

第3章　アメリカにおける食肉加工産業の集中と環境

場合、翌年の4月15日まで、会計年度ベースで報告する場合には、会計年度の終了日から90日以内にGIPSAにたいして必要な事項を記入して提出することとなっている。違反した場合、1日につき110ドルの罰金となる。

報告内容は、企業の名称・場所といった一般情報のほかに、と畜のために調達した家畜として、報告期間の最初の日に所有する家畜頭数から始まり、フィードロットなどから直接買いつけた家畜頭数、ビデオ・オークションや家畜市場で買いつけた家畜頭数、ほかのパッカーから買いつけた家畜頭数などを分類して記入する形となっている。また、飼養している家畜あるいは契約の状況として、パッカー自身により飼養されている家畜頭数、所有権はあるが飼養は別におこなわれている家畜頭数、そして、実際に年間10万頭以上のと畜を行っているかどうかの確認とともに、先渡し契約や販売契約といった契約ごとの頭数を記入する項目がある。全体としては4ページ程度のきわめて簡単な様式である。[163]

なお、レポート2003以降は記録保存に関する項目は見られない。

3) Eコマース

インターネットを活用した家畜や食肉の取引については、当初おおいに注目されていたがいつの間にかあまり大々的な話題には上らなくなった印象が強い。日常生活においてインターネットが提供するさまざまなサービスがきわめて「普通」になりつつある現在、普及初期のように関心が集中することは少ないであろうが、それでもGIPSAはレポート2000と2001でEコマースを独立した「懸念すべき事項」の項目として取りあげている。

レポート2000では、家畜および食肉取引においてEコマースを活用することの賛否両論が紹介されている。賛成の理由は、Eコマースはマーケットにおける参加

---

[163] GIPSA, Form P&SP-3100, http://archive.gipsa.usda.gov/reference-library/forms-psp/instructions%20for%20forms/P&SP-3100-i.pdf　2006年9月20日アクセス。

第1節　アメリカ農務省レポートに見る集中と環境に関する「懸念すべき事項」

者の数を増やし、競争を促進することと、参加者によりおおくの情報提供が可能となることがあげられている。さらに、家畜や食肉取引の方法そのものを大きく変化させる可能性があるとも指摘している。

これにたいし、反対あるいは懸念を表明する側は、家畜や食肉をインターネットで取引しようとしている企業のおおくが新興企業でありまだまだよく知られていない上に財務上の懸念が払拭されている訳ではないことや、新しいが故におおくの新規参入企業は伝統的な業界で守られてきた慣習や法的規制の詳細についても十分な知識を有していない可能性があることを指摘している。さらに、複数の企業がEコマースを目的とした合弁会社を設立してビジネスをおこなう場合、参加企業同士による共謀の可能性を排除できないことなども懸念されている。

これがレポート 2001 になると、畜産に限らず数おおくの業界でいわゆるドット・コム関連企業の倒産が相次いだことを受けてレポートのトーンも大きく変わり、生き残っているEコマース企業は「顧客との人的関係を強化に集中し、サプライ・チェーンの合理化のためにインターネットを活用している」[164] といった表現に変わっている。また、養豚・豚肉関係業界では当初見込まれたほどにはEコマースは普及していないとの簡潔なコメントが記されている。

なお、私見を記せば、だからといってインターネットを活用したさまざまな新しい形式のビジネスが停滞しているという訳ではない。現在のインターネットをめぐる家畜や食肉取引の実態は、必ずしも当初の関係者が想定していなかったような形ではあっても、畜産や食肉加工ビジネスの現場においては現実に使える部分でのインターネットの活用はますます「あたりまえ」になってきている。一括大量取引をすべてインターネットでおこなう場合もあれば、たとえば遠隔地のユーザーにたいして枝肉の断面の写真のみを送付して確認を求めるなど、必要な情報だけを交換する場合もある。

164　GIPSA レポート 2001、47 ページ。

そもそもインターネットが一般に普及しはじめたころは、おおくの研究者や業界関係者がビジネスや生活がインターネットによりどのように変わるかという主張を何度も繰り返していた。ネット・サーフィンとはなにかといったようなことまで、それなりに説明がなされ、今では笑い話にしかならないだろうが、一度もウェブサイトをのぞいたことのないおおくの人びとがそれを真顔で拝聴していた時代もあったというだけである。現在では、わざわざ E コマースなどという形で独立した項目を立てるまでもなく、必要な部門、必要な業務については急速にインターネットの活用がおこなわれている。

5. フェア・トレードと財務保護の問題

以下の 3 項目はいずれも GIPSA レポート 2000 および 2001 に取りあげられたが、その後、項目としてはレポートから消えたものである。

1）ストリング・セールス

肉牛を肥育するフィードロットの中にはワンタイム（ある特定の一時期）の飼養頭数が数十万頭という規模のものから数百頭規模のものまでさまざまなものがある。[165] 牛は柵の中に飼われているが、たとえばひとつの柵の中に 200 頭の牛がいた場合、厳密に言えば 1 頭 1 頭が皆、異なる大きさ、肉質を備えている。

パッカーのバイヤーがスポット市場で牛を購入するときには最低でも柵単位で「1 頭いくら」という価格をつけることが多い。売り手から言えば、高く売れる牛ばかりでなく、できればあまり良く育っていない牛も可能なかぎり高い価格で一緒に買ってもらいたく、買い手は逆にできれば良い牛だけを買いたいが、そうは言って

---

165 たとえば、アメリカ、テキサス州アマリロに本拠地を持つ世界最大のフィードロットであるカクタス・フィーダースは、9 か所のフィードヤードで飼養可能な牛の頭数合計はある一時点を取った場合、最大 52 万頭である。

第 1 節　アメリカ農務省レポートに見る集中と環境に関する「懸念すべき事項」

も一頭一頭を識別して買いつけるのも手間がかかる。

　このようなときには、一種の「オール・オア・ナッシング」タイプの取引がなされることが多い。つまり、柵の中の牛をすべて引き受けるか、あるいは当該の柵は買いつけないかである。この場合には牛の固体差ではなく一括、単一価格での交渉がおこなわれる。こうした販売方法をストリング・セールス(String Sales)と呼ぶが、複数のオーナーから委託を受けて肥育を行っているようなカスタム・フィードロットがパッカーに委託牛を販売する場合に問題となることがある。[166]

　GIPSA レポート 2000 が記している「懸念」とは、実際の販売交渉はパッカーとカスタム・フィードロットとの間でなされるため、個別のオーナーは販売契約・条件の詳細が不明である場合が多いこと、手塩にかけて繁殖・育成させた牛と、手を抜いて育てた牛がたまたま同じフィードロットで一緒に肥育された場合、ストリング・セールスで一緒に販売されると良い牛も悪い牛も一括平均価格となり、良い牛のオーナーは不利を被るというものである。

　この問題にたいし、翌年のレポート 2001 では、基本的にオーナーが肥育を委託しているフィードロットにたいして的確な販売指示を行えば問題は回避できるという自主規制の問題であり、GIPSA もこの件について生産者からクレームを受けたことはないという簡潔なコメントを記している。そして、レポート 2002 以降ではこの問題は項目からも取り下げられている。

---

166 穀物取引などでストリング・セールスと呼ぶ場合には、A⇒B⇒C⇒D⇒E⇒B といった形でひとつの取引対象穀物が一連の取引のなかですべて繋がっている場合を呼ぶことが多い。たとえばこの例ではCがBから輸入しDを通して買ったと思っていたEが、昔からの取引先であるBにたいし一部を販売しようと思ったところじつは対象穀物はそもそもAを通してBが輸入した同じ玉であったというようなケースである。スワップを繰り返した場合など、ストリング・セールスの結果として物流はきわめて簡単であるが、商流としては売買契約の書類だけがいくつにもおよぶことがある。

2) 残留薬物と代金決済

　残留薬物という項目になっているが、じつはこの問題は代金決済の問題である。P&S法第228条b項は、「パッカー、代理人、家畜ディーラーは、家畜の買いつけおよび当該家畜の所有権移転の翌営業日終了までに買いつけ金額全額を売主あるいは売主の代理人に支払わなければならない」と定めている。[167] つまり、代金は取引の翌日決済という訳である。

　さて、先にアメリカの牛肉は、出所により大きくふたつ、つまりいわゆるfed cattle（肥育牛）とcull cattleに分類されるということを述べた。ステーキになる肉はいわゆる肥育牛であるが、パッカーは役目を終えた酪農牛などのcull cattleのおおくを公設市場で買いつけている。そして、こうした家畜の肉を人間の食用に回す場合、当然であるが残留薬物の検査が義務づけられている。

　仮に残留薬物が規定以上発見された場合、当該牛の価値は著しく減少するため、パッカーとしては検査結果がすべて明らかになってから代金を支払いたいと考える。ただし、P&S法は、買いつけの翌営業日終了までの代金決済を要求している。GIPSAのレポート2001は、この問題にたいし明確な対応を記していない。形としてはふたつの法律の規定を現実に適応した形に改正するか、あるいはなんらかの形で検査結果が正式に判明するまでの間は代金決済をおこなわなくても済むような形での救済策の検討がおこなわれるかもしれないといった程度である。これは畜産物だけでなく、遺伝子組換え作物をめぐるGMOの混入検査でも似たような事例が存在する。[168]

167　原文は「Each packer, market agency, or dealer purchasing livestock shall, before the close of the next business day following the purchase of livestock and transfer of possession thereof, deliver to the seller or his duly authorized representative the full amount of the purchase price:（以下省略）」となっている。アドレスは、http://www.law.cornell.edu/uscode/html/uscode07/usc_sec_07_00000228---b000-.html　2006年9月22日アクセス。

168　アメリカの穀物生産地域におけるGMO検査では、Non‐GMOを予定して受け入れた穀物から規定以上のGMOが検出された場合、当該穀物は受け入れの計量時点からサイロビンに保管

3）報復措置と裁判例

　生産者として、パッカーが提示してきた契約内容に不満があった場合にそれを拒絶することや、P&S法にもとづき生産者がパッカーの行動を訴ええることは現実問題として可能かどうかは実際上は重要な問題となる。訴訟大国のアメリカといえども、実際の訴訟は時間も費用もかかる。そして、パッカーから「目をつけられ」「うるさい」生産者と思われることは実際問題としてなんらかの報復措置を受けることになるのではないだろうかとの生産者の懸念は強い。

　もちろん、P&S法はパッカーが報復措置を取ることを断固として禁じている。ただし、仮に訴訟には勝ったとしても、実際の救済措置が得られる前にみずからの農場が破綻してしまえばなんの意味もなくなってしまうため、結局は「言いなり」になる傾向が強いということも事実である。こうした例はなにも畜産生産者とパッカーの関係だけに限らないが、実際、寡占化により脅威と不満を案じた生産者がほかの選択肢を喪失した場合、実質的には不利な条件でも販売契約を受け入れざるをえない可能性はかなり高いのではないかと思われる。

　そして、いよいよ不利な条件には耐えられないという状況に生産者が追い込まれた場合、次に出てくるのが訴訟である。レポート2005ではP&S法違反を争った家禽産業の例が簡単に紹介されている。以下、ここに記述されている内容に依拠して簡単に説明する。

　2005年6月、第11巡回控訴裁判所は、家禽ディーラーによるP&S法202条違反を争った訴訟において訴えを認めるためには、申し立てられている違反が競争に不利な影響を与えているか、あるいは与えそうだということを証明しなければならないとの判決を下した。[169]

　されるまでのわずかの時間に通常品として別の保管ルートに移され、代金もNon-GMOプレミアムのつかない通常品価格が払われる形になっていることが多い。
169　GIPSAレポート2005では202条と標記されているが現在のP&S法では192条である。192条

P&S法は、家禽ディーラーが「いかなる不公正、不当な差別、欺瞞的行為あるいは方法」に携わること、あるいはおこなうことをも禁止している。この裁判の原告は家禽ディーラーとのあいだに生産契約を締結して家禽の生産を行っている生産者である。原告は被告の家禽ディーラーが不公正な契約の停止および報復を含むP&S法違反を行ったと申し立て訴訟を提起した。

　2004年2月17日に陪審が行った評決は全米で大きく取りあげられた。正式な評決用紙（VERDICT FORM）はわずか2ページで内容も簡潔であるため、以下にその内容を列記する。

    1　肥育牛には全国的な市場がありますか？
    2　被告側がキャプティブ・サプライを肥育牛の現物市場でもちいたことで、反競争的効果がありましたか？
    3　被告側にはキャプティブ・サプライをもちいる合法的なビジネス上の理由あるいは競争を正当化する理由がありましたか？
    4　被告側がキャプティブ・サプライを使用したことで、現物市場の価格は使用しなかったときよりも低下しましたか？
    5　被告側がキャプティブ・サプライを使用したことで、原告側のメンバー一人ひとりが被害を受けましたか？

　以上の各項目はYesかNoにチェックをするだけの簡単なものである。そして、もし、これらにYesと答えた場合、次の6の質問にすすむことが指示されている。陪審はすべてYesにチェックしている。

---

　　a 項の原文は「Engage in or use any unfair, unjustly discriminatory, or deceptive practice or device;」であり、これが違法行為を示している。現在の202条は家畜市場の定義を示しており、不公正な取引など、違法な行為を列記している条文ではない。おそらくはGIPSA側の標記ミスであると思われる。ただしP&S法202条違反という標記が複数回現れるため、誤解を避けるため上記本文ではたんにP&S法違反とした。

6 1994年2月1日から2002年10月31日までの期間に、原告側からIBP社に販売されたれ肥育牛の価格は、被告がキャプティブ・サプライをもちいたことによりどの位の金額の被害を受けたと思いますか？
　　　＄1,281,690.00（原文は手書き）
   7 被告側がキャプティブ・サプライをもちいたことによる肥育牛価格の低下は、訴訟対象期間の各年で同じ割合でしたか？

　誠にあっけないかぎりであるが、これがニュースで130万ドルの賠償金、あるいはChuck Grassley上院議員が「牛農家にとって歴史的な日だ！（historic day for cattlemen）」とコメントした陪審評決のすべてである。[170]

　このように、一旦は陪審が原告に有利な劇的な評決を下したにもかかわらず、連邦裁判所は金銭的損害賠償を含む陪審評決を覆したため、当然のことながら原告は控訴している。

　この訴訟において農務省は法廷助言者（amicus curie）として、「条文の簡明な表現、P&S法の目的、そして……（農務長官の）解釈すべてが、ある行為がP&S法202条の下で'不公正'ということを証明するためには、略奪的な意思、競争的被害、あるいは損害などを証明する必要はない」と示していると主張した。これにたいし、家禽ディーラー側は、「原告はP&S法のもとで勝訴するためには、競争に影響を与えるような不公正、差別的あるいは欺瞞的な行為を確立せねばならない」ということを地裁は正しく決定すべきと主張した。

　そして、最終的に第11巡回裁判所は、P&S法違反（の証明）には競争的損害あ

---

170 原資料は以下のアドレスで公開されている。http://endcaptivesupply.lawoffice.com/Verdict%20Form.pdf　2006年9月27日アクセス。また、Grassley上院議員のコメントは同議員のプレスリリースによるものとして、Rosales前掲4ページに記されている。

るいは同様な証拠がなければならないとの判決を下したのである。[171]

　ちなみに、日本の独占禁止法では、競争を阻害する恐れのことを公正競争阻害性という。この内容についての詳細は割愛するが、簡単に言うと、「自由な競争の確保」、「競争手段の構成さの確保」、そして「自由な競争の基盤の確保」という三つを「公正な競争」が備えるべき属性としている。[172] 本件のように具体的な違反あるいは違反の恐れのある証拠の提示を原告側に求めるという判決については法律論としては理解できても、買手寡占が進展した状況の下では実際には厳しいのではないかと思う。裁判自体には素人であるとはいえ、事実に関する検討を行った一般市民から選ばれた陪審評決が原告の訴えを認めていただけに、裁判所がこれをくつがえし法の解釈として下した判決には複雑な思いを抱かざるをえないというのが正直な印象である。[173]

第2節　小括

　企業にとって「寡占」はきわめて居心地のよい環境かもしれない。多数乱戦業界でしのぎを削る必要もなく、一方で「適度な」競争があれば当局から目をつけられ

171　わが国では、古くは日本の公害法裁判の際に議論された「立証責任の転換」という考え方、また、製造物責任法における「厳格責任」の考え方、そして近時は、消費者法関連でも立証責任を業者側に転換する規定が設けられるなど、さまざまな場面で法の実効化を確保する動きが出てきている。
172　佐藤一雄「独占禁止法上の不公正な取引方法」『企業法学第1巻』1992年　52-53ページ。
173　上記内容はGIPSAレポート2005にもとづいて記していることを重ねて注記しておく。ちなみに、この訴訟Pickett対IBP社事件は、1921年にP&S法が制定されて以来、初のP&S法違反の集団訴訟（Class Action）であるという意味でも注目を浴びた訴訟である。

ることもない。1980年当時、上位4社のと畜加工シェアが35.7％であった牛のと畜分野は、1995年以降は上位4社シェアが約8割に到達しているにもかかわらず、集中が急速に進展した時期に懸念されていたおおくの問題が「なんとなく」どこかへ消えてしまったような印象すらある。シェアは牛よりも低いが豚も家禽も似たような状況を辿っている。これ以上は「法に触れる」というギリギリのところでうまく経営をおこないながら生き残った企業同士がますます強くなってきている。

　毎年出されているGIPSAのレポートも、筆者の偏見かもしれないが、いまひとつ「熱意」が感じられない。レポート2000では62ページだった報告書もレポート2005では16ページである。もとよりページ数は内容には関係ないが、全体を通して読めば、「集中」という問題にたいして、「力が抜かれていく様子」が感じられるのも事実である。もはや「集中」は「懸念」から「既成事実」となり、少なくとも現状では「目に見える」違法行為の証拠はないという、あきらめにも似た空気がレポート全体をおおっていると言えば言いすぎであろうか。

　一方、競争規制という視点からではなく、大規模畜産施設などからの排出や悪臭そのほかに関する環境規制の視点からは一定のアプローチがなされているものの、こちらもビジネスそのものについてはひところほど話題に上がることが少なくなってきている。最近では、生き残った少数のプレーヤーは、さまざまな地域で「環境に優しい企業」などとして表彰されることも多い。なにより地域に雇用を提供しているという点で、地域経済の中核になっている。

　一定の力のある生産者側は、寡占にもっとも有効に対抗するため、やはり寡占という対応策をとりつつある。買い手寡占には売り手寡占というわけであり、少ない買い手（合併・集中化したパッカー）にたいしては、売り手も寡占化（合併・集中化した企業畜産）という構図が少しずつ確立してきている。その狭間で、おおくの小規模生産者はかつての完全に独立した農場経営者から、パッカーの系列に入るか、あるいは大規模な企業畜産の中の一農場として取り込まれるかといった選択に直面し、その過程でいずれかの道を選ばざるをえなくなる。熾烈な市場と合法的な契約

上の要求に耐え切れなくなったときには、個人あるいはグループで訴訟を起こすか、それでも駄目な場合には廃業していくことになる。

　こうした面だけを見ればやりきれない思いは尽きないが、実際には嘆くだけでなく、大企業となった生産者やパッカーの動きの隙間、対応のまずさを見逃さず、確実に顧客をつなぎとめ旧来の職人的手法を守り抜く生産者（達）や、新規のビジネスモデルを立ちあげる新しくしたたかな挑戦者がいることはまぎれもない事実である。そして、これこそが、今でもアメリカの畜産関連業界の底力となっている。ここは「知恵」の見せどころ、我われにとっても学ぶべきところであろう。

4 アメリカの集中畜産経営体（CAFOs）と環境問題

　食肉が我われの日々の重要な食事のひとつとしての位置を占めてから長い時間がたっているが、いつの時代でも畜産農家と環境問題とは切っても切れない深い関係にあったと思われる。近年の大きな傾向は、健康志向に裏づけされた赤肉から白肉への需要の変化とともに、畜産経営の大規模化である。口蹄疫やBSE、そして鳥インフルエンザの経験を振り返るまでもなく、現代の畜産は「食の安全性」とともに、環境規制をクリアし隣接したコミュニティといかに共存するかにおおくを負っている。現実の企業と社会の動きを見た場合、食肉加工企業を含む畜産経営体の規模拡大が地元に一定の雇用を提供する一方で、企業としては環境問題にたいし一層真摯な姿勢で取り組まざるをえなくなってきている。

　以下、本章では、アメリカの環境規制における畜産経営体、とくに集中畜産経営体（CAFOs：Concentrated Animal Feeding Units）と呼ばれている経営体をめぐる規制の概要を中心に検討することにより、CAFOsをめぐる環境問題の現実と対応方向を検討する。

第1節
アメリカ環境法における畜産経営体

　アメリカの環境規制の全体像はかなり複雑な体系となっているが、ここでは畜産環境規制、とくに集中畜産経営体に関係する法律および規則を中心に検討する。具体的内容は、まず法律としての連邦水清浄法（CWA：The Clean Water Act）、そしてその運用のための規則（regulations）ということになる。CWA の中には後述する CAFOs を含む汚染源の定義や連邦汚染物質除去制度（NPDES）といったプログラムが規定されている。そして、仮に環境庁（EPA）が NPDES の内容を変更する場合には、まず、改正案（proposed rules）を官報（Federal Register）に一定期間掲載し、関係者や一般市民からの公開意見を求めることが必要である。そして、集まった意見をもとに再度検討して最終規則（final rules）[174]を再び官報に掲載するといった手続きが取られる。[175]

　そもそも CAFOs については CWA の前身の連邦水質汚濁防止法（FWPCA：Federal Water Pollution Control Act）の時代から規制対象となっていたにもかかわらず、排出に起因する問題が継続していたことに加え、近年の急速な畜産・食肉関連企業の集中により、EPA としては、長期にわたり既存の規制そのものが時代に合わなくなってきているとの認識を持っていたようである。その結果、先に述べたような手続きを経て、農務省の技術的協力のもとに、2002 年に四半世紀ぶりの CAFOs に関する規制改正がなされ、改正後の最終規則（Final Rules）が翌 2003 年から施行されたのである。

---

174 EPA, "CAFOs: Final Rule", 2002 年 2 月 13 日付官報に記載された全文は以下のアドレスで参照可能。http://www.epa.gov/npdes/regulations/cafo_fedrgstr.pdf　2006 年 11 月 23 日アクセス。
175 ちなみに、当該年度で有効な最終規則とともに、一定の公開期間を経て修正された前年までの新規の最終規則を集めた法令集が CFR（Code of Federal Regulations）と呼ばれるものである。

但し、この最終規則については環境保護団体を中心とした司法審査（judicial review）を求める申立てがおこり、2005年2月に第二巡回控訴裁判所（以下、裁判所という）はEPAにたいして最終規則の一部変更要請を含む決定を行っている。この結果、すでに施行されている最終規則に明記されたNPDESの許可取得期限（compliance date）が一定期間延長されるようなこととなった（詳細後述）。

さて、もともと1972年以前のアメリカでは、先に述べたFWPCAという法律を中心に水質規制の体系が定められていたが、1977年の同法改正、そして1987年の水質法（Water Quality Act）などが加わり、全体として今日の水質規制をめぐる体系が構成されている。[176] そして、FWPCAは1977年の改正以後、一般的には水清浄法と（CWA：Clean Air Act）呼ばれている。このため、以下ではとくに断りのないかぎりCWAという標記をもちいる。

1977年の改正にはいくつか重要な点があったが、要点のひとつは連邦汚染物質除去制度（NPDES：National Pollutant Discharge Elimination System）という排出許可制度の創出であり、これは、汚染源からの汚水排出にたいし、連邦環境庁（EPA）あるいはEPAが認めたプログラムを持つ州に「排出許可（permit）」を認める権限を与えたことであった。この結果、汚染物質を排出したいと思う者はまず排出許可を得なければならず、許可を得ないで排出を行った場合には、その行為は違法となるという大原則が定められたのである。なお、この制度において、EPAは州ごとのプログラムを認めて実際の運用を任せることはできるが、監督責任がな

---

176 連邦レベルでの水質保全法の歴史は、おもな流れを見ただけでも1930後半以降の議会審議、1948年の水質汚濁防止法（WPCA：Water Pollution Control Act of 1948）、そして同法の改正としての1956年連邦水質汚濁防止法（FWPCA：Federal Water Pollution Control Act of 1956）、さらに1961年の水質汚濁防止法（WPCA：Water Pollution Control Act of 1961）および1965年の水質法（Water Quality Act of 1965）、そして1966年の清浄水回復法（Clean Water Restoration Act of 1966）という流れがある。これらの詳細については、北村喜宣「環境管理の制度と実態、アメリカ水環境法の実証分析」弘文堂 1992年 5-16ページに詳しい。

くなる訳ではない。

　さて、ここでCAFOsについて、アメリカ環境法が定めている内容を確認しておくと、まず、規制対象としてのCAFOsはCWAの§502（14）に以下のとおり記載されている。

　「点源汚染源（point sources）とは、識別可能な状態（discernible）で、限定（confined）され独立（discrete）したものであり、パイプ、排水溝、水道、トンネル、水路、井戸、独立した溝、容器、車輌、集中家畜飼養施設（concentrated animal feeding operation）、……（中略）……船舶あるいはほかの水上に浮かぶ小型船舶等を含むが、それだけに限らず、汚染物質を排出あるいは排出する可能性のあるものである。これは、農業用貯水の排水（stormwater）や灌漑用水が逆流によるものを除く。」[177]

　上記の例でもわかるように比較的汚染源の特定が容易な点源汚染源にたいし、建設や鉱業、植林などにともなう広範囲の汚水排出は、いわゆる排出口などを特定することが困難であるため非点源汚染源（nonpoint sources）とみなされている。[178] 一般的には農業に関する排水もこの範疇に含まれるが、CAFOsに関しては先に述

---

177 原文は以下のとおりである。「The term 'point sources' means any discernible, confined and discrete conveyance, including but not limited to any pipe, ditch, channel, tunnel, conduit, well, discrete fissure, container, rolling stock, concentrated animal feeding operation,（下線筆者）or vessel or other floating craft, from which pollutants are or maybe discharged. This term does not include agricultural stormwater discharges and return flows from irrigated agriculture.」FWPCA, §502（14）211ページ。アドレスは http://www.epa.gov/region5/water/pdf/ecwa_t5.pdf あるいは、33 U.S.C. §1362（14）。アドレスは http://www.law.cornell.edu/uscode/search/display.html?terms=1362&url=/uscode/html/uscode33/usc_sec_33_00001362----000-.html いずれも2006年11月20日アクセス。
178 環境管理という視点で見た場合には「点源」の方が管理対象を把握することは容易であろうが、実際の環境問題は市街地、農地、宅地造成地などからの排水のように「非点源」を原因とするものも多い。ここでは「非点源汚染源」の詳細には立ち入らないが、現代の環境問題は単純に「点源」「非点源」という形で分類しきれなくなってきている。

べた定義のとおり、明確に汚水排出の「点源」として考えられている。畜産環境問題を検討する際、CWA においてまず押さえておく点は、CAFOs が明確に点源汚染源の中に含まれているということである。

第 2 節
家畜飼養施設（AFO）と集中畜産経営体（CAFOs）

　次に、家畜飼養施設についてであるが、これは一般には AFO（Animal Feeding Operation）と呼ばれている。AFO がはじめて定められたのは 1976 年の CWA 改正であるが、ここで、AFO と CAFOs の違いを明確にしておこう。

　現在有効な規則によれば、
　「AFO とは、下記の定義があてはまるロットあるいは施設（水生動物の生産施設を除く）のことである。①（水生動物を除く）動物を、年間 12 か月のいつの時点においても、合計 45 日以上、独立した形で飼育してきたか、飼育中、あるいは飼育していく施設であること、そして、②いかなるロットあるいは施設においても通常の生育期間において作物、植物、牧草の成長、そして収穫後の残渣が残留していないこと。[179]」となっている。

179　40 CFR 122.23（b）(1)　アドレスは　http://ecfr.gpoaccess.gov/cgi/t/text/text-idx?c=ecfr&sid=7900d132e7dd15e6283a9bb75bcf3652&rgn=div8&view=text&node=40:21.0.1.1.12.2.6.3&idno=40　2006 年 11 月 20 日アクセス。

同様に、CAFOs の定義は以下のとおりである。
「CAFO は大規模 CAFOs、中規模 CAFOs、あるいは下記 C に定める形の CAFOs に分類される。2 つ以上の AFO で同じ所有者に属するものは、もしそれらがおたがいに隣接していたり、排出物の処理のために共通の場所やシステムを使用している場合には、当該事業における家畜の頭数を決定するためにひとつの AFO と考えられる。」[180]

なお、具体的な CAFOs の分類について EPA は、従来「家畜単位（animal unit）」[181] という概念をもちいていたが、現在では「家畜単位」はもちいておらず、具体的な規模を数字で示している。

さらに、中型 CAFOs については、上記の内容に加え、以下のどちらかに合致するものとして 2 つの要件が課されている。すなわち、

1) 汚染物質は、人口の排水溝、排水設備あるいは類似の人工排水システムを通じて、合衆国の水システムに排出されていること、あるいは、
2) 汚染物質は、家畜飼養施設の外から、あるいはその土地を通じて、あるいは横切ったり通過する形で、あるいは直接家畜と接触する形で排出されていること。[182]

---

180 前掲 40CFR 122.23（b）（2）。
181 農務省 NRCS の定義によれば「An animal unit (AU) is one mature cow of approximately 1000 pounds and a calf up to weaning, usually 6 months of age, or their equivalent.」つまり、1,000 ポンドの牛を 1 単位（AU）としてほかの家畜との比較を可能にしたもの。USDA は肥育牛一頭を 1.14AU、乳牛 1 頭を 0.74AU としている。アドレスは　http://techreg.sc.egov.usda.gov/NTE/TSPNTE2/AnimalUnits.html　2006 年 11 月 21 日アクセス。
182 前掲 40 CFR 122.23（b）（6）（ii）。なお、この CFR の文章は、前掲 EPA ウェブサイトではより簡潔な形で「家畜が独立して飼育されていた地域を流れる表流水と接触できる（the animals come into contact with surface water that passes through the area where they're confined）」という表現で公開されている。

EPA新規則によるCAFOsの分類[183]

単位：飼養頭羽数

	大型CAFOs	中型CAFOs	小型CAFOs[184]
肉牛（成牛）・育成牛	1,000以上	300～999	300未満
乳牛（成牛）	700以上	200～699	200未満
子牛（Veal calves）	1,000以上	300～999	300未満
豚（55ポンド以上）	2,500以上	750～2,499	750未満
豚（55ポンド未満）	10,000以上	3,000～9,999	3,000未満
馬	500以上	150～499	150未満
羊・子羊	10,000以上	3,000～9,999	3,000未満
七面鳥	55,000以上	16,500～54,999	16,500未満
採卵鶏・ブロイラー（液状糞尿処理）	30,000以上	9,000～29,999	9,000未満
採卵鶏以外の鶏（液状糞尿処理以外）	125,000以上	37,500～124,999	37,500未満
採卵鶏（液状糞尿処理以外）	82,000以上	25,000～81,999	25,000未満
アヒル（液状糞尿処理以外）	30,000以上	10,000～29,999	10,000未満
アヒル（液状糞尿処理）	5,000以上	1,500～4,999	1,500未満

---

183 前掲40 CFR 122.23 (b) (4) から (6) および、EPAウェブサイト "Regulatory Definitions of Large CAFOs, Medium CAFOs, and small CAFOs" をベースに作成。後者のアドレスはhttp://www.epa.gov/npdes/pubs/sector_table.pdf　2006年11月21日アクセス。

184 厳密な意味ではCAFOではないが、ケース・バイ・ケースによりCAFOとされることもある。

そして、対象となる施設が環境汚染にたいして重要な影響をおよぼすということが判明した場合、当局は中型の施設であってもCAFOに指定することができるとしている。

さて、以上のほかにも複数の要件が課されているが、そのなかで最大のポイントはやはり、CAFOsは「点源汚染源」であるため、連邦汚染物質除去システム（NPDES: National Pollutant Discharge Elimination System）の対象として、「排出許可」を得なければならないという点である。[185] つまり、2002年のEPA最終規則においてはCAFOsと認定された段階で、全ての畜産農家は「排出許可」を得なければなくなったのである。じつは、従来の規制では家畜飼養施設でもあっても、25年間に一度、24時間継続するような暴風雨に見舞われたときだけ汚染物質を排出するような農場や、排泄物の乾燥処理をおこなうような家禽農場はNPDESにもとづく「排出許可」取得の例外扱いがなされていたのであるが、EPAの最終規則ではこれらの例外がなくなり、すべてのCAFOsが「排出許可」取得の対象となった。そして、こうした点が、この規則の妥当性をめぐる法的な申立て、さらに最終的には裁判所による無効の決定へとつながっていったのである。

なお、経済的に見た場合、CAFOsはアメリカの畜産業のなかで重要なウェイトを占めていることはまちがいない。たとえば、1950年代まではアメリカのおおくの家禽生産は中西部の家族農場によりおこなわれていたが、1997年までに家禽生産額は216億ドルを越え、そのおおくが飼養羽数10万羽以上のCAFOsによっておこなわれている。[186]

185　前掲40 CFR 122.23（a）。
186　EPA, "Development Document for the Final Revisions to the National Pollutant Discharge Elimination System Regulation and the Effluent Guidelines for the Concentrated Animal Feeding Operations" 2002年 4-35ページ。アドレスは http://www.epa.gov/npdes/pubs/cafo_dev_doc_p1.pdf 2006年11月21日アクセス。

もちろん、こうした CAFOs がとてつもない量の排泄物を出すことは容易に想像できる。農務省の見積もりでは、年間の家畜・家禽の排泄量は 5 億トンにのぼるというが、2 億 8,500 万人のアメリカ国民が一人あたり年間 0.518 トンの排泄物を出したとしても総数量は約 1.5 億トンであり、人間の 3 倍以上の排泄物が出されていることになる。[187] そして、この栄養分に富んだ大量の家畜排泄物の扱いは環境問題とも密接に関係してくることになる。

第 3 節
EPA の CAFOs 新規則にたいする反応と裁判所の判断

　ところで、先に述べたように、EPA は従来の CAFOs に対する規制にたいし、2000 年 12 月に改正案を公表した。改正案にたいして集まった意見（public opinion）の数は約 11,000 といわれている。こうした意見を踏まえ先の改正案を修正し、最終規則として 2002 年 12 月に公表し、2003 年 2 月に官報に掲載、同年 4 月から新規則が施行されたのである。ところが、この最終規則の妥当性にたいして 2004 年 12 月に複数の畜産関係団体および環境団体から司法審査を求める申立てがあげられた。[188] この結果、2005 年 2 月、裁判所は EPA の最終規則について、一部

187　Federal Register, Vol.68, No.29, 2003 年 2 月 12 日　7180 ページ。アドレスは　http://manure.unl.edu/cafofinalrule.pdf　2006 年 11 月 21 日アクセス。
188　厳密に言えば 2005 年 2 月の決定は、すでに申し立てられていた同様の複数の内容を一括してとりまとめたものである。

第3節　EPAのCAFOs新規則にたいする反応と裁判所の判断

容認・一部修正という形での決定を下している。[189]

このため、現在、EPAは裁判所の決定にもとづき最終規則を改定中であるが、内容的にすでに公表された最終規則が適用可能な部分については現行規則をそのまま適用し、新規にCAFOsに認定された場合の「排出許可」申請期限など、今回の裁判所決定により、公表された最終規則に記載されている期限上の問題に抵触する項目については、一定の延長措置を発表して対応している。[190] 以下では、上記裁判所決定のなかで指摘された論点を中心に現在のEPA規則と環境問題との接点を検討する。

さて、2003年から施行されてきたCAFOsに関する最終規則の内容にたいして申立てを行ったグループは大別すると2つのグループが存在する。[191] 第一は環境グループであり、これには、Waterkeeper Allianc, Inc. Sierra Club, Natural Resources Defence Council, Inc., そして、American Littoral Societyが含まれている。第二は農業関連グループであり、こちらは、American Farm Bureau Federation, National Chicken Council, National Pork Producers Councilが含まれている。

2005年2月に裁判所が公表した決定内容は多岐にわたっているが、論点は大きく分けて3つにまとめられている。[192] 第一は最終規則のうち「排出許可」に関す

189　第二巡回控訴裁判所決定の要旨についてはEPAが以下のサイトで公表している。http://www.epa.gov/npdes/pubs/summary_court_decision.pdf　2006年11月21日アクセス。
190　EPAはすでに公表した最終規則のなかで、今回の裁判所決定には影響を受けない部分について、Q&Aの形で簡単な資料を公表している。アドレスは　http://www.epa.gov/npdes/pubs/cafo_minirule_q_and_a.pdf。また、官報に記載された申請期限の延長に対する2006年2月10日付の記載は、以下のアドレスで参照可能。http://www.epa.gov/npdes/regulations/cafo_mini_rule_final.pdf　いずれも2006年11月21日アクセス。
191　原文は以下のアドレスで参照可能である。http://www.crowell.com/content/Expertise/NaturalResourcesandEnvironmental/CAFOInfo/Petition.pdf　2006年11月24日アクセス。
192　Waterkeeper Alliance et al v. EPA, 399 F.3d 486。なお、原文は以下のアドレスで参照可能なため、以下注釈においてはウェブサイト上の文書に表記されているページ数をもちいる。アドレスは　http://www.epa.gov/npdes/pubs/cafo_decision.pdf　2006年11月26日アクセス。

るもの、第二は、規制対象となる「排出」の内容に関するもの、そして、第三として、「排出限界(effluent limitation)に関するものである。EPA はすでにウェブサイト上で決定内容の要旨[193]を公開するとともに、2006年9月には議会調査局(Congressional Research Service)も本件に関するレポート[194]を公表しているため、以下では、3つの主要な論点のうち、第一の論点を中心に検討をおこなう。

1．「排出許可」と栄養分管理計画・住民参加・申請義務

この内容は、具体的には以下の3つに分かれている。

第一は、規制の具体的方法に関する問題で、内容的には、EPA の最終規則が①大規模 CAFOs にたいし、家畜排泄物の栄養分管理計画(Nutrient Management Plan、以下 NMP という)に関する内容ある審査(meaningful review)を実施しないままに NPDES にもとづく許可(permit)を与えることができるとなっている点と、②「排出許可」の中には当然 NMP が含まれているべきであるということを要請していないという二点が違法であるというものである。[195]

当然のことながら、この二点について裁判所は全面的に申立て内容を認めている。最初の点については、連邦法である CWA が原理「のみ」を定めたものでなく、実効性のある法規でもあることを述べた上で、「排出許可」を与える権限がある EPA が、当然のこととして、すべての適用可能な規制に合致していることを確認した上で許可を与えるべきであることを指摘している。[196] そして、NMP に関する管理当局の審

---

193 U.S.EPA, "Summary of the Second Circuit's Decision in the CAFO Litigation". アドレスは http://www.epa.gov/npdes/pubs/summary_court_decision.pdf 2006年11月20日アクセス。
194 Copeland, C. "Animal Waste and Water Quality: EPA's Response to the Waterkeeper Alliance Court Decision on Regulation of CAFOs", 2006. Congressional Research Service, Sep 20, 2006. アドレスは http://www.nationalaglawcenter.org/assets/crs/RL33656.pdf 2006年11月24日アクセス。
195 前掲 Waterkeeper et al v. EPA, 17ページ。
196 たとえば、「upon condition that such discharge will meet… all applicable requirement [including the effluent limitations statutorily required by 33 U.S.C. § 1311] との指摘がある。前掲

査をせずに許可を与えることは違法であるだけでなく、行政手続法（Administrative Procedure Act）上も恣意的（arbitrary and capricious）であるとしている。[197]

次に、「排出許可」の中にNMPを含むべきか否かについてであるが、これはEPAと裁判所の主張が完全に対立している。EPAは、NMPを作成し実行することは非定量的な排出規制（non-numerical effluent limitation）そのものである以上、許可の中にはNMPが含まれる必要はないと主張している。これにたいし、裁判所は、排出規制（effluent limitation）という言葉の解釈が狭義すぎる（foreclosed）と反論した。実際、CWAは排出規制を「当局による、数量、率（rate）、化学物質の濃度……等、あらゆる（any）規制……」と規定しており、CAFOsが現実に遵守すべきNMPの内容は、たとえば排泄物を排出して土地に撒く割合（rate）などのように、実際の規制内容そのものであるとしている。[198] このため、裁判所としては、EPAの主張はCWAに違反しており、「排出許可」の中には当然のこととしてNMPが含まれているという解釈を示したのである。

第二は、こうした意思決定に関する住民参加（public participation）の問題である。環境問題による影響を受ける利害関係者の中に当該地域の住民が含まれている以上、いかなる環境問題も地域住民の理解を得なければ本質的な解決には至らない。CWAでは、「目標と方針に関する議会の宣言」が記載されている§1251（e）において、「この法律の下では、当局によりつくられるすべての規則、基準、排出制限、計画あるいはプログラムの開発、改定、そして執行においては、管理当局による住民参加が、提供、促進、補助されなければならない」[199]と、明確に示されている。

残念なことに、EPAの最終規則では先のNMPとともに住民参加や住民のアク

Waterkeeper et al v. EPA, 18ページ。
197 前掲 Waterkeeper et al v. EPA, 24ページ。
198 前掲 Waterkeeper et al v. EPA, 25ページ。
199 33 U.S.C. §1251（e）アドレスは http://www.law.cornell.edu/uscode/html/uscode33/usc_sec_33_00001251----000-.html 2006年11月22日アクセス。

セスに関する明確な規定が存在していない。より厳しく言えば、「最終規則においては、排出許可が実際に発行される前に、住民からのヒアリングをおこない、貴重な意見を聞くということができない形となっている。」[200] そして、「住民は、NMPを作成することを要請することはできても、実際にNMPにアクセスすることもできず、その結果としてNMPに記載された内容を実行させる手段そのものがない」[201]ということになる。これでは、裁判所としても到底受け入れられるものではない。決定文書も明確に This is unacceptable. という表現を使用している。

第三は、「排出許可」申請に関する義務（duty to apply）があるかどうかという問題である。最終規則が発表されたとき、いくつかのニュースメディアは、これによりCAFOsのすべてが「排出許可」を申請することになると単純に報道していた。これはEPAの最終規則に「すべてのCAFOsのオーナーあるいはオペレーターは排出許可を申請しなければならない」[202] という明確な一文があったからである。普通に考えればなにも問題がないように思われるが、これにたいして、法的なクレームがついたのであるから現実はなかなか複雑である。

まず、CWA § 1311（a）により、「……排出許可がない場合、あらゆる人による、あらゆる汚染物質の排出は違法である」[203] ことはまちがいない。そして、同じ§ 1311（e）は、この「排出許可」が「汚染物質を排出する点源汚染源（point sources）」にたいして与えられることを定めている。[204] さらに、§ 1342では、NPDESにもと

---

200 前掲 Waterkeeper et al v. EPA, 27 ページ。
201 前掲 Waterkeeper et al v. EPA, 27 ページ。
202 40.C.F.R. 122.23（d）（1）原文は「All CAFO owners and operators must apply for a permit.」である。アドレスは http://ecfr.gpoaccess.gov/cgi/t/text/text-idx?c=ecfr&sid=a02f07fe85d909440fcaeed252073f3e&rgn=div8&view=text&node=40:21.0.1.1.12.2.6.3&idno=40　2006年11月24日アクセス。
203 33U.S.C. § 1311（a）アドレスは下記のとおり。http://www.law.cornell.edu/uscode/html/uscode33/usc_sec_33_00001311----000-.html　2006年11月24日アクセス。
204 33 U.S.C. § 1311（e）アドレス、アクセス日は前掲注と同じ。

づき「排出許可」が与えられることが記されている。[205]

さて、ここで問題は、現実にこのようなものが存在するかどうかは別にして、仮に点源汚染源であっても、汚染物質を排出しない場合には「排出許可」を申請する必要がないという解釈が成り立つかどうかである。これは「汚染物質の排出」という言葉をどのように捉えるかによって解釈が変わってくる。じつは、この点についてCWAは明確な定義をもっている。CWA § 1362 (12) が定めている「汚染物質の排出」の内容は、「①点源汚染源から航行可能水域へのあらゆる汚染物質の追加および、②船舶あるいはほかの浮かんでいる小型船舶以外の点源汚染源から海あるいは海に隣接した地域に対するあらゆる汚染物質の追加」[206] というものである。

「汚染物質の排出」の定義が上記のような内容の場合、現実に定義で定められている内容が発生しなければ、いかに点源汚染源といえども「排出許可」を得る必要はないことになる。つまり、この段階で、EPAの最終規則が要求していた「すべてのCAFOsが『排出許可』を得なければならない」という考えそのものが、情緒的にはともかく、少なくとも法律的には通用しないことになってしまう。これが第一の問題である。

さて、次の問題として、最終規則が述べている内容は、結局のところ「排出許可」を申請するか、あるいは「汚染物質の排出可能性がないこと（no potential to discharge）」を示す必要があることを記している。[207]「EPAの見解ではこれは適切であるが、その理由は、すべてのCAFOsには汚染物質の排出可能性があるからである」[208] とされている。

---

205 33 U.S.C. § 1362　アドレスは下記のとおり。http://www.law.cornell.edu/uscode/html/uscode33/usc_sec_33_00001362----000-.html　2006年11月24日アクセス。
206 33.U.S.C. § 1362 (12)　アドレス、アクセス日は前掲注と同じ。
207 40.C.F.R. 122.23 (f)。
208 前掲 Waterkeeper et al v. EPA, 30-31 ページ。

ここで法律的には大きな問題が生じることとなる。最初に先に述べたCWA§1362の「点源汚染源」の定義を見直してみよう。内容は、「点源汚染源とは、識別可能な状態 (discernible) であり、限定 (confined) され独立 (discrete) したものであり、パイプ、排水溝、水道、トンネル、水路、井戸、独立した溝、容器、車輌、集中家畜飼養施設 (concentrated animal feeding operation)、……（中略）……船舶あるいはほかの水上に浮かぶ小型船舶等を含むが、それだけに限らず、汚染物質を排出あるいは排出する可能性のあるものである。これは、農業用貯水の排水 (stormwater)[209] や灌漑用水が逆流によるものを除く。」この中に、「汚染物質を排出あるいは排出する可能性のあるものである」という部分がある。これは英語の原文では、「……pollutants are or maybe discharged.」という表現であり、「排出する可能性」については「maybe」という単語がもちいられている。そして、これが、EPAの最終規則において、「汚染物質の排出可能性がないこと (no potential to discharge)」という根拠につながることになる。

一方、同じCWAの§1311 (e) には、以下のような規定がある。「排出制限はすべての点源汚染源に適用される。(Effluent limitations…shall be applied to all point sources of discharge of pollutant…)」[210] ここが非常に複雑なところである。つまり、「点源汚染源そのものは法律で定められ、汚染物質排出可能性のあるものを含むが、排出規制は現実に汚染物質を排出している点源汚染源にのみ適用される」[211] というのが裁判所の考え方であり、こうした考え方にもとづくかぎり、すべ

---

[209] 厳密に言えば、stormwaterは農業用貯水のみではない。40CFR 122.26 (b)(13) には「Stormwater means storm water runoff, snow melt runoff, and surface runoff and drainage」と記されている。実際には豪雨時の雨水や雪解け水を溜めておいたものなどが、状況により溢れて流れでることなどが想定されている。そして、各種の事業活動に伴いこうした水を貯水・排水することがおこなわれているため、「stormwaterの排出」という言葉の適用範囲はかなり広範な概念を含んでいる。条文は、http://ecfr.gpoaccess.gov/cgi/t/text/text-idx?c=ecfr;sid=cf74d5bc38400 16310ad84484f2485f0;rgn=div8;view=text;node=40%3A21.0.1.1.12.2.6.6;idno=40;cc=ecfr 2006年11月24日アクセス。
[210] 33 U.S.C. § 1311 (e) アドレス、アクセス日は前掲注と同じ。
[211] 前掲 Waterkeeper et al v. EPA, 31 ページ。

てのCAFOsは「排出許可」を申請しなければならないというEPAの最終規則はCWAに違反して無効ということになる。

このあたりはかなり細部に入るため、なかなか読み取りにくいが、環境問題に関する現実のアメリカの裁判がどのような点を問題にしているのかということを理解するためには面白いのではないかと思う。

2. 点源汚染源と農業用排水の位置づけ

「排出」の内容に関する議論は二つのポイントに分かれている。第一は、CWA§1362の「点源汚染源」の定義の最後に「……農業用貯水の排水（stormwater）や灌漑用水が逆流によるものを除く。」という表記があったが、これについて環境グループから反対の意見が出されている。彼らの主張の要点は、すべてのCAFOsが点源汚染源とされている以上、CAFOsからの排出は農業用のものであっても規制の対象外とするのはおかしいというものである。裁判所はこの件について環境グループの考え方を否定してはいるが、現行のCWAにおけるあいまい性をも指摘している。

つまり、一方でCAFOsを明確に点源汚染源としつつ、他方では農業用排水に関する規制の例外措置を認めており、両者をどのように調整するかについては明確さが欠けているというのである。[212] ただし、1972年に当初の条文ができた際には、FWPCAの当該条文にはこの例外条項はなく、これが追加されたのは1987年であったため、1972年当時の立法意志（この場合は、CAFOsはすべて点源汚染源であるということ）を、後から追加された例外条項に適用することは適切ではないと判断している点は納得できる考え方であろう。[213]

なお、農業用排水に関連して環境グループは、CAFOsについては農業的

---

212 前掲 Waterkeeper et al v. EPA, 34 ページ。
213 前掲 Waterkeeper et al v. EPA, 34 ページ。

(agricultural) ではなく企業的 (industrial) な対象として扱うべきであるとの見解を示しているが、少なくともこの申立てに関するかぎり裁判所はこの主張を退けている。現実の CAFOs には企業経営の要素がおおく導入されており、ロマンチックな伝統的イメージの農業とは大きくかけ離れている。それでも裁判所は、複数の辞書から「農業 (agriculture)」あるいは「農業的な (agricultural)」という言葉の意味を引用した上で、「いずれにせよ CAFOs は家畜を育て、排泄物を肥料として土地に撒き、その土地を耕していることは明らかである」[214] とし、環境グループの主張を否定している。

第二に、農業関連団体の主張として、CAFOs から流れでる排水は、集合的にまとめられる (collected) あるいは排水路がもちいられるか (channelized) しないかぎり、土地に撒かれた排水は点源汚染源からの汚染物質の排出には相当しないのではないかという点が検討されている。結論を言えば、裁判所はこの主張を退けている。つまり、先の例外規定（農業用排水）に該当しないかぎり、CAFOs からのいかなる排出物も点源汚染源からの汚染物質の排出とみなすというのが決定内容である。

3. 排出規制ガイドラインとの整合性

これは環境グループにより主張され、別途定められている排出規制ガイドライン (ELGs：Effluent Limitation Guidelines) との整合性を問題にしたものである。ELGs 自体は技術をもとにした (technology-based) 基準であり、たとえば既存の汚染発生源については、①採算に合う利用可能な最善の技術 (BAT：best available technology economically achievable)[215]、②一般汚染処理に適用可能な最善の技術 (BCT：best conventional pollutant control technology)[216]、③現在使用可能な最善の処理技術 (BPT：best practicable control technology currently

---

214 前掲 Waterkeeper et al v. EPA, 37 ページ。
215 33 U.S.C. § 1311 (b) (2) (A) アドレス、アクセス日は前掲注と同じ。
216 33 U.S.C. § 1314 (b) (2) (A) アドレス、アクセス日は前掲注と同じ。

available)[217]、そして④1972年以降に建設された新規発生源を対象とした新規発生源基準（NSPS：New Source Performance Standards）[218]がある。これらの詳細はここでは紹介しないが、簡単に言えば、EPAはこうしたBAT、BCT、BPT、NSPSといった形での非数量的なガイドラインを定め、個別の業界ごと、そして下位分類ごとに基準を定めている。[219] そして、この下位分類に相当するCAFOsでは各々定められた基準を満たすための同様の（汚染物資処理）技術が要求されている。

　簡単に言えば、ELGsにおいては、①CAFOsからの降雨以外による排水規制、②保管タンク等の必要な備品を含む最善の管理手法の実践、③排泄物の土地への散布にともなう最善の管理手法の実践、④汚染物質の排出計画と同等以下の排出達成が可能となるような個別の代替技術の活用機会の提供[220]、といった内容が定められている。そして、環境グループの主張は、これもいくつかにわかれるが、BATに関するもの、BCTに関するもの、NSPSに関するもの、そして水質に関するものの4点に集約される。

1）BAT

　第一のBATに関する主張は、まず最終規則、とくにBATを反映した形でのELGsは、以下の3点の理由によりCWAに違反しているとする。すなわち、BAT基準を設定する際、最善に機能する技術（best performing technology）を考慮していないこと、とくに肉牛業界にとってより好ましい選択肢を考慮していないこと、

217　33 U.S.C. § 1314（b）(1)(A)　アドレス、アクセス日は前掲注と同じ。
218　33 U.S.C. § 1316。アドレスは以下のとおり。http://www.law.cornell.edu/uscode/html/uscode33/usc_sec_33_00001316----000-.html　2006年11月26日アクセス。たとえば、牛についてはパート412、サブパートC、40 CFR § 412.30-37といった具合である。豚や家禽はサブパートがDに分類され、同じCFRの§ 412.40-47に記載されている。
219　たとえば、牛についてはパート412、サブパートC、40 CFR § 412.30-37といった具合である。豚や家禽はサブパートがDに分類され、同じCFRの§ 412.40-47に記載されている。
220　40 CFR § 412.31（a）(2)　アドレスは　http://ecfr.gpoaccess.gov/cgi/t/text/text-idx?c=ecfr&sid=35ecd88a8755fedf978f9d24b168d7c6&rgn=div8&view=text&node=40:28.0.1.1.12.3.2.2&idno=40　2006年11月26日アクセス。

豚および家禽業界にとってより好ましい選択肢を拒絶していることの3点である。

　裁判所はこの要求をいずれも退けている。裁判所が支持したEPAの主張は、1点目については事前に十分な調査研究と11,000件（その後さらに450件追加）にわたる公開の意見を踏まえた上で検討した規則であり、もちろん唯一最善に機能する技術ではないが、「いかなる分野においても最善に機能するということに関して実質的な基準をつくりあげたことは明らかである」[221]というものである。

　2点目の具体的内容は、EPAが最初に提案した7つの選択肢（オプション1から7）のうち、どれを選ぶかという点で、最終規則では当初の提案にあった地下水に関する諸々の要求が明記されていた選択肢（ここではオプション3とする）から、地下水関連の要求を除き、より直接的な規制（オプション2）とした点を不満としたものである。

　オプション3では「家畜の排泄物保管地域の地下水が、表流水と直接接触していないことをCAFOが示せないのであれば、オプション2の規制に加えて地下水のモニタリングおよび排出コントロールを必要とする」[222]という内容である。これにたいし、オプション2は、「オプション1の規制に加え、個別地域ごとの土壌の状況により、必要な場合には（一般的にはより低い）燐基準ではなく家畜排泄物の散布の率を制限する[223]」という内容である。

221　前掲 Waterkeeper et al v. EPA, 45ページ。
222　前掲 Waterkeeper et al v. EPA, 46ページ。裁判所の要約した Option3 の原文は以下のとおりである。「Option 3 would require the same control as Option2, but would also require ground water monitoring and discharge controls, unless the CAFOs could show that the groundwater beneath manure storage areas or stockpiles do not have a direct hydrologic connection to surface waters.」
223　前掲 Waterkeeper et al v. EPA, 46ページ。裁判所の要約した Option2 の原文は以下のとおりである。「Option 2 would require the same control as Option1, but would restrict the rate of manure application instead to a (generally lower) phosphorus-based application rate where necessary, depending on site-specific soil conditions.」

第3節　EPAのCAFOs新規則にたいする反応と裁判所の判断

　当初提案で、地下水のモニタリングの項目を入れていたが、EPAとしては地下水に関する内容は個別地域の事情による影響が大きく、そのため一律に規制するよりはケース・バイ・ケースで規制するほうが適切かつ効率的であるとしている。[224]そして、おおくの研究結果も地下水への影響については、地勢、気候、表流水からの距離、地質要因等が大きいことを指摘しているため、裁判所としては、環境グループの主張を否定したのである。

　さらに、豚および家禽業界に関する問題も、牛業界と同様にEPAの最終規則が当初提案で示された内容（オプション5[225]）から上述のオプション2に変更したことに異論を唱えたものである。EPAは変更の理由として、（いかなる状況であっても排出ゼロを要求する）オプション5は経済的に採算が合わないとしているが、環境グループとしては、コスト計算が不十分であることや、試算モデルに問題があること、さらに実際には採算の合わないような技術をそうではないとしてきことなどを指摘している。

　裁判所の決定はこれもEPAの考え方を支持するものである。詳細は割愛するが、裁判所は、まず、CWAが規制実施当局に一定の裁量権を与えていること、そしてEPAによる経済分析によればオプション5は合理的な採算範囲におさまらないことが明確に示されていることを述べている。そして環境グループの「CAFOは規制遵守コストを助成金で相殺し、増加コストを消費者価格に転嫁するということを前提とすべきである」[226]という主張にたいしても、裁判所としてはEPAの判断内容の是非そのものを検討するのではなく、EPAの判断が合理的な記録にもとづい

224　前掲 Waterkeeper et al v. EPA, 49ページ。
225　前掲 Waterkeeper et al v. EPA, 49ページ。なお、裁判所の要約した Option5 の原文は以下のとおりである。「Option 5 would require – at least for Subpart D CAFO – the same control as Option 2, but. Would also establish a zero discharge requirement that does not allow overflows from the production area under any circumstances.」
226　前掲 Waterkeeper et al v. EPA, 51ページ。

てなされたかどうかを見るという原則を述べた上で、EPA は最終規則の公表においてCAFOs による助成金と増加コストの相殺や消費者価格への転嫁を考えていたのではないとの考え方を示している。前者については、連邦政府の助成金のうちどの程度が CAFOs の増加コストと相殺されたのか具体的にはおおくの不確実性が存在すること、そして後者については前者以上に不明な要素が多いとしている。[227]

2）BCT

　環境グループは、EPA の最終規則が CAFOs からの病原体（pathogen）の排出を減少させるためだけの条項が示されていないことを CWA 違反および行政手続法上も恣意的であるとしている。裁判所の決定は、主張の一部を認め一部を否定している。

　CAFOs から排出される汚水の中には大腸菌（fecal coli form）をはじめとする数おおくの病原体がいることは明らかであり、EPA もこれを認めている。さらに EPA は、病原体のコントロールは必ずしも病原体の減少を導くものではないことと、最終規則の中に示されている BCT 基準の ELGs により、偶発的に（incidentally）病原体の一定の減少を導くことを述べているが、裁判所はこれを否定している。

　裁判所の主張によれば、EPA の最終規則は、実際に病原体を減少させるための適用可能な最善の技術（BCT）であるかどうかということについての「積極的な発見（affirmative findings）」に欠けているため、CWA に違反しているということになる。[228] BCT の原文は best conventional pollutant control technology（一般処理に適用可能な最善の技術）のことであり、当該技術の適用の結果として「たまたま」病原体が減少するようなものではないということを明確に示した決定内容となっている。

3）新規排出源（NSPS）

　環境グループが主張した主要な論点は、①EPA の最終規則では当初提案に含ま

---

[227] 前掲 Waterkeeper et al v. EPA, 53 ページ。
[228] 前掲 Waterkeeper et al v. EPA, 56 ページ。

れていた地下水に関する事項がないこと、②最終規則では生産地域におけるすべての排出を禁止してはいるものの、例外として、100年に一度、24時間降るような降雨により排泄物があふれでることなどを含むすべての排泄物や汚水を含む生産地域の設計・建設・維持・運営を行っているのであれば、法令を遵守しているということになること、そして、③新規則では、CAFOsによる汚染物質の排出がその量において同じあるいはよりおおくの削減を達成するような代替的手法がある場合には、新たな代替的排出基準を設定する権限を規制当局に与えている[229]、というものである。[230]

　以上のうち、地下水に関する論点は、先のBATに関する議論と同じ理由により裁判所からは否定されている。残りの二点のうちのひとつである「100年に一度、24時間の降雨による……」については、アメリカ的な表現の印象次第なのかもしれないが、これを「実質的な禁止規定」と見るかどうかという点で立場が分かれることになる。EPAはこれまでにも同様の表現、たとえば「25年に一度、24時間……」といった表現を使用してきており、これが100年に一度となれば「実質的には排出を規制している（substantially preventing discharges）」という考え方もできようが、裁判所はこれを「完全に禁止（prohibiting them outright）」とは同じではないとしている。[231]

　なお、ほかの論点である「自主的かつ代替的な基準の設定」についても否定している。これについては裁判所の決定ではほとんど触れられていないが、最終規則を読むかぎり、規制当局の裁量によりどのようなものでも認可されてしまう可能性がいなめないことは事実ではないかと思う。さらに、以上の二点についても、住民参加に関する記述がないことを指摘している。

229　40CFR § 412.46.（d）Voluntary superior environmental performance standards. アドレスは http://ecfr.gpoaccess.gov/cgi/t/text/text-idx?c=ecfr&sid=35ecd88a8755fedf978f9d24b168d7c6&rgn=div8&view=text&node=40:28.0.1.1.12.4.2.6&idno=40　2006年11月26日アクセス。
230　前掲 Waterkeeper et al v. EPA, 58ページ。
231　前掲 Waterkeeper et al v. EPA, 59ページ。

4）水質に関する議論

　最後に水質に関する議論だが、これはCWAの§1312（a）[232]に関連する。この条文は長文であるが、こうした環境問題を扱うときにともすれば陥りやすい「盲点」を見事に示している。条文のポイントは、いかなる排出規制を採用するにせよ、要は対象となる水質が公衆衛生、公共用水、農業および工業用での使用、魚介類やほかの野生動物の保護および繁殖、そして娯楽等に活用できる「水質」を保っていなければならないというものである。

　CWAは技術基準としてもさまざまな排出規制を定めているが、同時にEPAあるいは各州により水質に関する一定の基準（WQBELs：Water Quality based Effluent Limitations）を確立することが定められている。[233] それにもかかわらず、EPAの最終規則はこの点に関していかなる言及もなされていなかった点を環境グループは突いたのである。これは、法律面だけの詳細な議論のなかで、「ところで、これで本当に水はきれいになるのか？」という重要かつ根本的な疑問点でもある。

　これにたいし裁判所は、環境グループの主張を全面的に受け入れるとともに、最終規則のなかであいまいさが残る部分、たとえばWQBELsは具体的に州が独自に作成してもよいのかどうかなどについて、より明確な形での規則の修正をおこなうことを指示している。

　以上検討してきた内容を踏まえ、裁判所としてはすでに公表された最終規則のうち、不適切である箇所については無効とし、必要な箇所については明確な形に修正

---

[232] 33U.S.C.§1312（a）アドレスは　http://www.law.cornell.edu/uscode/html/uscode33/usc_sec_33_00001312----000-.html　2006年11月26日アクセス。33U.S.C.§1312および33U.S.C.§1314（1）　前者のアドレスは前掲注と同じ。後者は　http://www.law.cornell.edu/uscode/html/uscode33/usc_sec_33_00001314----000-.html　いずれも2006年11月26日アクセス。
[233] 33U.S.C.§1312および33U.S.C.§1314（1）　前者のアドレスは前掲注と同じ。後者は　http://www.law.cornell.edu/uscode/html/uscode33/usc_sec_33_00001314----000-.html　いずれも2006年11月26日アクセス。

あるいは新規に規則を追加する作業をおこなうことを2005年2月28日付でEPAにたいして指示した次第である。

第4節　小括

　2006年11月26日現在のEPAのウェブサイトを見るかぎり、修正された最終規則はいまだ公表されておらず、本章の冒頭に述べたような形で2006年2月10日付の官報に記載された「2つの申請デッドラインの締め切り期日延長」が示されている。内容を簡潔に記せば、第一は新規にCAFOsの指定を受けた者は2006年2月13日までに「排出許可」を申請しなければならなかったが、これが2007年7月31日までに延長されたこと。そして、第二は、「排出許可」を受けたすべてのCAFOsはNMP（栄養分管理計画）を2006年12月31日までに実行することが定められていたが、こちらも2007年7月31日までに実行する形に延長されたことである。[234] いずれの締切日も2007年7月31日であることから考えると、今後半年以内に修正版が官報に掲示されるも可能性が高い。

　法律面だけの詳細な議論に入っていくと、ともすれば「木を見て森を見ず」という形になりやすいが、最後の水質に関する議論において指摘されたように、全体を俯瞰した上で「ところで、これで水は本当にきれいになるのか？」といった形の疑問を持つことはきわめて重要であると思われる。

---

234 EPAウェブサイト。アドレスは　http://cfpub.epa.gov/npdes/afo/caforulechanges.cfm#dates　あるいは　Federal Register, 2006年2月10日, 6978-6984ページ。アドレスは　http://cfpub.epa.gov/npdes/afo/caforulechanges.cfm#dates　いずれも2006年11月27日アクセス。

終　章

　本書では、「アグリビジネスの集中と環境」というテーマのもと、近年のアグリビジネス関連業界や企業の動きと環境上の問題について「集中」および「規制」といった視点を中心に検討した。具体的な検討対象としては穀物と畜産を取りあげている。穀物では種子・遺伝子組換え作物・そしてエタノールをめぐる動きを対象とし、畜産ではパッカーの行動とそれに対する規制当局および裁判所という視点から検討を行った。以下、穀物と畜産の双方について、若干の私見を記してまとめとしたい。

穀物の完全競争生産

　アグリビジネスに限らず、グローバル企業の目的が利益と成長であるならば、経営者が最初に考えることは、組織全体として最大の利益と成長を達成するためには、どこでなにを調達、生産・製造し、どこで販売すればもっとも効率的かということになる。極論を言えば、地球をグローバルな畑と考え、穀物生産にたとえれば、アメリカはとうもろこし、南米は大豆、そしてロシア・東欧は麦の生産に特化することがもっとも「効率的」なのかもしれない……といった発想である。同じことを畜産で言えば、極論であるが牛はアメリカとアルゼンチン、豚は中国、鶏はブラジル……といったところだろうか。

　もちろん、このようなことは実現するはずもない。国境問題やモノカルチャーによる連作障害、さらには安全保障といった問題を出すまでもなく、ありえない話である。

　それでも、「もし可能であれば」という前提の下で、こうした問いをしてみるこ

とは無駄ではない。経済学には完全競争市場という概念がある。需要者と供給者のあいだに完全な競争が存在する市場のことであり、現実にはありえない市場のことである。先の発想は完全競争市場の例を穀物や畜産の生産に当てはめたものにすぎない。経済学の入門テキストで言えば最初の20ページ位のところに書かれている内容だが、これを現実社会に応用した、いわば穀物や畜産の完全競争生産とでもいう視点である。そして、仮に理論上、とうもろこし、大豆、小麦の生産が完全な競争下でおこなわれるものとすれば、現実の生産は不完全な競争下でおこなわれているということになる。ここでは、競争を阻害する要因は、国境であったり、文化であったり、流通であったり、あるいは生育上のさまざまな制限であったりする。

つまり、こうした現実の競争阻害要因が無くなれば、事の善悪は別にして、企業行動は自然に先の完全競争型へ移行する……ということになる。言い方を変えれば、一企業の経営者としては、少なくとも完全競争状態に近い状況へと自社の戦略を自然にシフトしていく可能性が高い。アメリカで大豆を生産するのが高コストであれば、アメリカの農地を売却してブラジルで生産する。あるいは、アメリカではより完全競争に近い状態の作物を生産することなどが経営上の選択肢となる。その結果、マクロベースで見ればアメリカの大豆生産が縮小し、他国へシフトしていく。

ただし、おおくの場合、頭で考えることと現実に行動を起こすこととのあいだには相当なギャップが存在する。このため「右向け右！」の状態が理論どおりに実現することは非常に少ないし、シフトに要する時間的な問題も存在する。それでも、現在、世界のアグリビジネスの一部は急速にこうした方向へ動いている。これに反する動きが世界中の地域で起こってはいるが、前者が資本主義と市場原理を徹底的に活用してグローバル市場での動きをしているのにたいし、後者はまだまだ独立した点の集まりにすぎない部分が多い。これを言いかえれば、前者の戦略的行動が、先端のバイオテクノロジーと情報技術という新しいツールのもとで急速に標準化・規格化・合理化を追求していくのにたいし、後者は個別地域ごとの特性を生かし地域の人びとの心情に訴える形で独自な組織と商品をつくっていく動きと言えるかもしれない。

終 章

　悩ましい点は、こうした地域の独自性を持った組織も、経営体である以上、一定の規模以上になれば同業他社との競争に巻き込まれ、必然的に小型グローバル企業となり、当初の理念から遠ざかっていく例が多いことである。そうなってしまえば、もはや当初からグローバル市場で競争している企業との競争になる。ニッチ市場でささやかに生きているうちはよくても、一定の規模と成長を志向するかぎり、どこかで越えなければならないハードルに出会うこととなる。

　一方、本書で紹介したエタノールや南米の事例を出すまでもなく、加熱するブームの影で見過ごされがちな問題も多々存在する。環境問題はその一例である。急速に普及した遺伝子組換え作物の環境に対する影響については、商業化から10年を経た現在ですら、国によって、そして人によって認識のレベルが異なっている。かつての「沈黙の春」の場合には、「沈黙」という明らかな変化があったが、一見綺麗に整った大豊作の畑も、生物多様性といった視点から見ればじつは大きな問題を内包していることがわかるのではないかと思う。そして、外見は同じ穀物であっても、その中身が大きく異なっている新世代の商品が食卓に並ぶ日がすでに目の前に来ているにもかかわらず、おおくの人にとっては、いまだ「トウモロコシ」はたんなる「トウモロコシ」でしかないというのが現実である。みずから意識して世の中の現象をとらえないかぎり、現代社会の変化のスピードには到底ついていくことができなくなってきている。

　ここで重要な考え方は、たんに疑問を持つのではなく、企業や農場経営者がおこなう日常の判断のポイント、すなわち投資（investment）という考え方を理解することである。一定の資金や人材を投資して、それなりのリターンを得る。同じ投資をするならどこがもっともリターンが高いか。たとえば、新聞や雑誌では盛んに中国が紹介されているが、本当に中国は投資のリターンが高いのだろうか？　企業が工場進出する場合には？　現地企業の株式だけを取得する場合には？　訴訟リスクは？　中長期的に見た場合の環境問題への影響は？　経営判断の難しさと楽しさは、こうした「正解が無く」、ただし、必ずそれなりの「結果を要求される」点にあると言っ

ても過言ではないだろう。今や、人間と企業の行動の根本には程度の差こそあれ投資という概念が奥深く浸透しているということをあわせて理解しておく必要がある。

こうした視点を持って見ると、なぜ、ある企業が一見まったく無関係な地域に投資をしたか、世界のなかでどこが、あるいはなにが今、どうしてもっとも注目されているかがよく見えてくるようになる。言い方を変えれば、同じものを見ても異なった見方ができるようになるか、普段は気がつかないわずかな違いに気がつくようになる。第一章で見てきた種子業界、そして最近のモンサント社の事例、あるいはアメリカのパッカーの統合再編の事例などはまさに「なにが利益の源泉か」ということを踏まえた上での企業行動であり、知的財産権を最大限に活用したビジネスモデルとも言える。

本書で取りあげた種子業界の再編や統合、遺伝子組換え作物やエタノールをめぐる動きなどは、皆、毎日の公開情報、つまり堂々と企業が政府が公開している内容を見ていれば確認できることばかりである。とくに、遺伝子組換え作物の急速な普及は、集中・競争という面だけでなく、環境への多大な影響を継続的・中長期的に調査していかないことには容易に結論は出せないにもかかわらず、現状を追認あるいは肯定せざるをえない速さで社会構造そのものに影響を与えていることを理解しておく必要があると思う。

暗黙の合意と相互依存、そして環境への影響

畜産の事例、とくに寡占市場におけるパッカーの行動は、おたがいに「明白な合意」や「情報交換」といった違法行為の直接証拠となるような行為をしていなくても、結果的にそれを行ったときと同様な効果が得られる状況が現実に出現しているという事実と、その場合の対応、具体的に言えば被害を受けたと考えられる側からの「違法性の立証」がいかに困難であるかを示している。

ある特定の企業が、その目的として、自社の成長と利益を最大化させるというこ

終章

とを掲げること自体は、家畜のと畜や食肉加工業に限らず、おおくの企業の基本的な目標と同じである。従って、これをもって反トラスト法上の「暗黙の合意」と言うのであれば、世の中の企業はすべて違反対象となってしまう。そうしたなかで、P&S法やシャーマン法に規定されている違法な行為に関する直接証拠がない場合、逆に言えばすべてが間接証拠あるいは状況証拠でしかない場合、実際に違法な行為があったと推定し、一定の規制行動を取ることが本当にできるのだろうかという悩ましい問題が登場することになる。

じつはこの問題は、法律分野における「無罪の推定」、「挙証責任の原則」、そして「疑わしきは被告人の利益に」という大原則を十分に理解していないと、議論が空回りすることになるのだが、現実に人間が関係していること、そして、どうもこうした大原則がそもそもの意図とはやや異なり大企業に便益を与えるような形で決着する（ように見える）ことが多いことから、出された結果にたいしては「理解はできるが納得はできない」といった形での感情面でのしこりが残ることもまた否定できない事実となっている。

と畜にかかわる市場が集中化していく段階でさまざまな「懸念」が実際に提起され、そのひとつひとつを調べていったが、すべては状況証拠でしかない。そして市場の大半を支配しているパッカーは、おたがいに相手の動きを見ながら行動している以上、全体としてはきわめて相互依存的かつ反競争的な行為に近い行動を取るようになる。寡占下における協調行動という経済学理論の詳細を持ちだすまでもなく、おおくの企業人にとって、こうした内容は自分がかかわった業界に関係するさまざまな実例を思い浮かべることができるなまなましい現実なのではないかと思う。

明白な独占が示すような特定の一社による市場支配ではなく、少数の寡占企業により「実質的」市場支配に近い状況が出現している寡占の場合には、これにたいして被害を受けている側から実際に異を唱えることは困難なことが多い。その理由は、第一に力関係と契約の存在、第二に当該問題に対する取得可能情報の量と質の差、そして、第三に仮に法的救済を得ようとした場合であっても、①自分がかかわ

る個別企業の特定地域における行為だけを見ていては広範な地域で活動している企業の、全体としての行動とそれに伴う影響がわかりにくいという点、②立証責任が訴える側にあるという点、そして、③第一の力関係とも関連するさまざまな形での「報復」への恐れである。これらは生産者ばかりでなく、パッカーの行動を監視しP&S法の適切な執行を担っているGIPSA自身が抱えているジレンマでもあることは本書で検討したレポートの内容推移を見れば明らかであろう。

さらに、第四章で記した集中畜産経営体と環境問題の関係もみずからがその場に住んでいないかぎり通常はなかなか目にしない問題である。CAFOsと呼ばれる現在の集中畜産経営体は、企業としての体力だけでなく、地域社会や環境に与える影響力が大きい。本書ではとりあげられなかったが、集中畜産経営体で日々の仕事をしている従業員の中には移民労働者も数おおく存在する。彼らの生活環境は100年前の「ジャングル」の時代から大幅に改善されたとはいえ、いまだおおくの問題を抱えており、従業員の労働条件を問題にした訴訟も多い。

すでに地域社会に多大な影響を与えるほどに大きな存在となった企業は、利益・成長に加え、競争法や知的財産権法の技術的ディテールにより制度上の勝利を目指すだけではなく、企業自身の行動についてそれなりの自覚と抑制、慎重さを備えるべきではないだろうか。それが良識というものであり、それでこそ地域社会の一員として尊敬を勝ち得、事業を継続することができるのではないかと思う。

最後に、食品とアグリビジネスに関連する企業およびそこに属する個々人の責任と評価について触れておきたい。グローバル市場で活動している企業もローカル市場で活動している企業も、単純な善悪で色分けすることは難しい。末端の社員からトップの経営陣まで、こうした企業に携わる何万人もの人びとが生活のために行っている現実の日々の行動こそが、じつは彼ら自身がその構成員でもある我われの社会の構造や意識の根幹に多大な影響を与えていることを認識しておくべきである。

そして、こうした企業や業界に関係している人びとだけでなく筆者を含めたいわ

終　章

ゆるおおくの一般の消費者が、じつは普段余り正面からは見据えようとしないこれらの問題について、我われ一人ひとりがみずから深く考え、納得できる答えを出さねばならないほど、現実の我われの社会が抱えている問題は、幅も奥行きもあるだけでなく、被害を受けている当事者以外にとっては、もはや日常生活のあらゆる場面に余りにも自然にとけこみ、「快適さ」というベールの陰で本質が見えなくなっているからである。

主要参考文献

（ウェブサイトのアドレスおよびアクセス日は本文中に記載したため省略）

Altieli & Pengue, "*GM soybean: Latin America's new colonizer*", Seedling, Jan.2006

Baker & Zahniser, "Ethanol Reshapes the Corn Market", Amber Waves, USDA-ERS, April 2004

Boyens, I. "Unnatural Harvest – How Corporate Science is Cecretly Altering Our Food", 1999.（邦訳：関裕子「不自然な収穫」光文社、1999 年）

European Environmental Agency, "How much Bioenergy can Europe produce without harming the Environment?", June 2006

Food and Agricultural Organization of the United Nations, "International Bioenergy Platform", 2006

Fernandez-Cornejo, J. "The Seed Industry in U.S. Agriculture: An Exploration of Data and Information on Crop Seed Markets, Regulation, Industry Structure, and Research and Development", Resource Economics Division USDA-ERS, 2004（拙訳「アメリカ農業における種子産業」『のびゆく農業』949 号」

Lessor, W. "Intellectual Property Rights and Concentration in Agricultural Biotechnology", AgBioForum 1 (2) Fall 1998

MacDonald, J. "Cargill's Acquisition of Continental Grain: Anatomy of a Merger", USDA Agricultural Outlook Forum 1999（拙訳「カーギルによるコンチネンタルの買収：九州合併の分析」『のびゆく農業』913 号）

MacDonald, J. and Ollinger M. "Consolidation in Meatpacking: Causes & Concerns", USDA Agricultural Outlook Forum 2000（拙訳「食肉加工業界の再編：その原因と関心」『のびゆく農業』901 号）

MacDonald. J."Concentration in Agriculture", Agricultural Outlook Forum 2000（拙訳「アグリビジネスにおける集中」『農林経済』9261-9262 号、時事通信社）

McGeorge, R. "Application of Antitrust Standards to the Agricultural and Food System", American Agricultural Economics Association Workshop on "Policy Issues in the Changing Structure of the Food System", Tampa, Florida 2000（拙訳「農業とフードシステムに対する反トラスト基準の適用」『のびゆく農業』913 号）

Midkiff, K. "The Meat You Eat – How Corporate Farming Has Endangered America's Food Supply", St. Martin's Press. 2004.

Monsanto Company Press Release, "Backgrounder: History of Monsanto's Glyphosate Herbicides" June 2005.

Ross, Douglas, "Antitrust Enforcement and Agriculture", USDA Outlook Forum（拙訳「反トラスト法の執行と農業」『のびゆく農業』901 号）

Morgan, D. "The Merchants of Grain", （邦訳「巨大穀物商社」喜多迅鷹・喜多元子訳、日本放送出版協会 1980 年）

Rosales, E, William., "Dethroning Economic Kings: The Packers and Stockyard Act of *1921* and its Modern Awakening", Journal of Agricultural & Food Industrial Organization, Volume 3, 2006.

Snell, W & Goetz, S., "Overview of Kentucky's Tobacco Economy", University of Kentucky, 1997.

Stull & Broadway, "Slaughterhouse Blues"（邦訳「だから、アメリカの牛肉は危ない！」山内一也監修、中谷和男訳、河出書房新社）

Lovenheim, P. "Portrait of a Burger as a Young Calf", Three Rivers Press, 2002

Lyman, H.F. "Mad Cowboy", Simon & Schuster Inc. 1998

USDA, "USDA Agricultural Baseline Projections to *2015*", 2006

USDA Advisory Committee, "Preparing for the Future: A Report prepared by a USDA Advisory Committee on Biotechnology and *21*st Century Agriculture",

USDA-ERS, "The First Decade of Genetically Engineered Crops in the United States",

USDA-ERS, "State Facts Sheet: Kentucky,"

USDA-GIPSA, "Assessment of the Cattle, Hog, and Poultry Industries - *2005* Report," March 2006.

USDA-GIPSA, "Assessment of the Cattle, Hog, and Poultry Industries - *2004* Report," April 2005.

USDA-GIPSA, "Assessment of the Cattle, Hog, Poultry and Sheep Industries – *2003* Report," October 2004.

USDA-GIPSA, "Assessment of the Cattle and Hog Industries - *2001* Report," June 2002.

USDA-GIPSA, "Assessment of the Cattle and Hog Industries Calendar Year *2000*," June 2001.

USDA-GIPSA, "Concentration in the Red Meat Packing Industry", 1996、

USDA-NASS, "Acreage", USDA-NASS, 2006.

USDA, "Kentucky Cash Receipts from Farm Marketings *2001-2003*" & "*2002-2004*"、

USDA, "Kentucky Census of Agriculture Highlights, *1974-2002*",

主要参考文献

USDA - World Agricultural Outlook Board, "World Agricultural Supply and Demand Estimate", 2006

USDA - World Agricultural Outlook Board, "World Agricultural Supply and Demand Estimate",

USDA, "2002Census of Agriculture", United States

USAD - NASS. "KENTUCKY: Agricultural Statistics. 1909 - 2004",

Waldman, M. & Lamb, M. "Dying for a Hamburger", St. Martin's Press, 2004（邦訳:熊井ひろ美「ハンバーガーに殺される」、不空社、2004

Wilson, D. "Fateful Harvest", HarperCollins Publishers Inc. 2002.

磯田　宏（2001）：「アメリカのアグリフードビジネス：現代穀物産業の構造分析」日本経済評論社

大塚善樹（1999）：「なぜ遺伝子組換え作物は開発されたか－バイオテクノロジーの社会学」明石書店

北村喜宣（1992）：「環境管理の制度と実態」弘文堂

小林　公（1991）：「合理的選択と契約」弘文堂

佐藤一雄（1992）：「独占禁止法上の不公正な取引方法」『企業法学第1巻』、商事法務研究会

佐藤一雄（1994）：「市場経済と競争法」商事法務研究会

佐藤一雄（1998）：「アメリカ反トラスト法－独占禁止政策の原理とその実践－」青林書院

佐藤一雄（2005）：「米国独占禁止法」信山社

立川雅司（2003）：「遺伝子組換え作物と穀物フードシステムの新展開」農山漁村文化協会

茅野信行（2004）：「アメリカの穀物輸出と穀物メジャーの発展」中央大学出版部

新山陽子（2001）：「牛肉のフードシステム」日本経済評論社

農林水産省「バイオマス・ニッポン総合戦略」、2006年3月31日閣議決定。

林田清明（1996）：「＜法と経済学＞の法理論」北海道大学図書刊行会」

藤岡典夫・立川雅司（2006）：「GMO　グローバル化する生産とその規制」農山漁村文化協会

参考ウェブサイト

　本書で取りあつかっている内容のおおくは、インターネット上に公開されているものを活用している。ここではとくに、以下の2点を指摘しておきたい。

　第一は、本書の注で示しているように各種法令がほぼ確実にインターネットで入手可能な現在、とくにアメリカ法の分野においては、U. S. Code や CFR に関する内容の確認がきわめて楽になったことである。以下でのアドレスを参考までに記しておく。

　　THOMAS　The Library of Congress　http://thomas.loc.gov/
　　　アメリカ議会図書館のサイト
　　U.S.Code　http://www.gpoaccess.gov/uscode/index.html
　　　連邦政府印刷局（GPO：Government Printing Office）のサイト。
　　U.S. Code Collection　http://www.law.cornell.edu/uscode/
　　　コーネル大学ロースクールが運営しているサイト。本書はおおくをこれに依っている。
　　The Federal Register　http://www.gpoaccess.gov/fr/index.html
　　The Code of Federal Regulations　http://www.gpoaccess.gov/cfr/index.html
　　e-CFR　http://www.gpoaccess.gov/cfr/index.html

　いずれも上記 GPO のウェブサイトの中にあり、FR や CFR の内容を確認することが可能である。ただし、最後に示した e-CFR は正式なものではなくプロトタイプとして公開されているが、維持管理は国立公文書館および連邦政府印刷局が行っている。本書では必要に応じて当該法令の内容を確認の上、e-CFR からも活用している。

　第2は、ニュース・サービス系の媒体である。これらは有益な情報もおおく、内容は日々更新されており、速報性を強さとしている。このため、いわゆる学術系の

主要参考文献

ウェブサイトとは異なり、個人あるいは組織の努力によるところが多い反面、丁寧に見ていけば通常の日本の情報メディアだけを見ていてはほとんど得ることのない貴重な情報を得ることが可能となる。とくに、言語の壁があるわが国においては、海外諸国の動向をタイムリーに提供してくれるだけでなく、独自の解釈と論評を加えた北林のサービスは実業界だけでなくアカデミズムの世界においても有益である。このウェブサイトが提供する内容とカバーする領域の広さについては、一時期、海外から毎日同様の情報を発信していた筆者自身、驚かされることが頻繁にあった。

　以下には、現実のアグリビジネス関係で有益と思われるウェブサイトのうち、2006年10月31日時点で無料公開されておりアクセス可能なものを記しておく。

"AgricultureOnline"、アドレスは、http://www.agriculture.com/
"Inter Press Service News Agency"、アドレスは、http://www.ipsnews.net/
"INQ7.net"、アドレスは、http://newsinfo.inq7.net/
"New Scientist"、アドレスは、http://www.newscientist.com/home.ns
"NewsWealth"、アドレスは、http://www.newswealth.com/Business_News/Agribusiness/agribusiness.html
"SeedQuest"、アドレスは、http://www.seedquest.com/
"Soyatech"、アドレスは、http://www.soyatech.com/
北林寿信「農業情報研究所」、アドレスは、http://www.juno.dti.ne.jp/~tkitaba/

清水弘文堂書房の本の注文方法

■電話注文 03-3770-1922／046-804-2516 ■FAX注文 046-875-8401 ■Eメール注文 mail@shimizukobundo.com（いずれも送料300円注文主負担）■電話・FAX・Eメール以外で清水弘文堂書房の本をご注文いただく場合には、もよりの本屋さんにご注文いただくか、本の定価（消費税こみ）に送料300円を足した金額を郵便為替（為替口座 00260-3-59939 清水弘文堂書房）でお振りこみくだされば、確認後、一週間以内に郵送にてお送りいたします（郵便為替でご注文いただく場合には、振りこみ用紙に本の題名必記）。

ASAHI ECO BOOKS 17
アグリビジネスにおける集中と環境
種子および食肉加工産業における集中と競争力

発　行	二〇〇七年二月二十八日　第一刷
著　者	三石誠司
発行者	荻田　伍
発行所	アサヒビール株式会社
住　所	東京都墨田区吾妻橋一-二三-一
電話番号	〇三-五六〇八-五一一一
編集発売	株式会社清水弘文堂書房
発売者	礒貝日月
住　所	《プチ・サロン》東京都目黒区大橋一-三-七-二〇七
電話番号	〇三-三七七〇-一九二二《受注専用》
Eメール	mail@shimizukobundo.com
HP	http://shimizukobundo.com/
編集室	清水弘文堂書房葉山編集室
住　所	神奈川県三浦郡葉山町堀内八七〇-一〇
電話番号	〇四六-八〇四-二五一六
FAX	〇四六-八七五-八四〇一
印刷所	モリモト印刷株式会社

［乱丁・落丁本はおとりかえいたします］

Copyright©2007　Seiji Mitsuishi　ISBN 978-4-87950-578-1 C0061

ASAHI ECO BOOKS 刊行書籍一覧

1　環境影響評価のすべて　（国連大学出版局協力出版）

プラサッド・モダック　アシット・K・ビスワス／川瀬裕之　磯貝白日編訳

発展途上国が環境影響評価を実施するための理論書として国連大学が作成したこのテキストは、有明海の干拓堰、千葉県の三番瀬、長野県のダム、沖縄の海岸線埋め立てなどの日本の開発のあり方を見直すためにも有用。

ハードカバー上製本　A5版 416ページ　定価 2800円＋税

2　水によるセラピー

ヘンリー・デイヴィッド・ソロー／仙名 紀訳

古典的な名著『森の生活』のソローの心をもっとも動かしたのは水のある風景だった。

ハードカバー上製本　A5版 176ページ　定価 1200円＋税

3　山によるセラピー

ヘンリー・デイヴィッド・ソロー／仙名 紀訳

いま、なぜソローなのか？ 名作『森の生活』の著者の癒しのアンソロジー3部作、第2弾！

ハードカバー上製本　A5版 176ページ　定価 1200円＋税

4　水のリスクマネージメント　（国連大学出版局協力出版）

ジューハ・I・ウィトォー　アシット・K・ビスワス編／深澤雅子訳

21世紀に直面するであろうきわめて重大な問題は水である―。発展途上国都市圏における水問題から、東京、関西地域における水質管理問題までを分析。

ハードカバー上製本　A5版 272ページ　定価 2500円＋税

5　風景によるセラピー

ヘンリー・デイヴィッド・ソロー／仙名 紀訳

こんな世の中だから、ソロー！『森の生活』のソローのアンソロジー。『セラピー（心を癒す）本』3部作完結編！

ハードカバー上製本　A5版 272ページ　定価 1800円＋税

6　アサヒビールの森人たち

礒貝　浩監修　教蓮孝匡著

「豊かさ」ってなに？ この本の『ヒューマン・ドキュメンタリー』は、この主題を「森で働く人たち」を通して問いかけている。

ハードカバー上製本　A5版 288 ページ　定価 1800 円＋税

7　熱帯雨林の知恵

スチュワート・A・シュレーゲル／仙名　紀訳

私たちは森の世話をするために生まれた！——フィリピン・ミンダナオ島の森の住人、ティドゥライ族の宇宙観に触れる一冊。

ハードカバー上製本　A5版 352 ページ　定価 2000 円＋税

8　国際水紛争事典 （国連大学出版局協力出版）

ヘザー・L・ビーチ　ジェシー・ハムナー　J・ジョセフ・ヒューイット　エディ・カウフマン　アンジャ・クルキ　ジョー・A・オッペンハイマー　アーロン・T・ウルフ共著／池座　剛　寺村ミシェル訳

水の質や量をめぐる世界各地の「越境的な水域抗争」につき、文献を包括的に検証。200 以上の水域から収集された豊富なデータを提供する。

ハードカバー上製本　A5版 256 ページ　定価 2500 円＋税

9　環境問題を考えるヒント

水野　理

環境省勤務の著者が集めた「環境問題を考えるヒント」集。環境問題を根本から考えてみるときに、役立つ一冊。

ハードカバー上製本　A5版 480 ページ　定価 3000 円＋税

10　地球といっしょに「うまい！」をつくる

二葉幾久

アサヒビール社員による、環境保全型企業への地道な取り組みを追ったルポタージュ。本気で環境問題に取り組もうとしている人、企業に一読の価値あり。

ハードカバー上製本　A5版 272 ページ　定価 1500 円＋税

11　カナダの元祖・森人たち

カナダの森のなかに水俣病で苦しんでいる先住民たちがいる。彼らのナマの声を、豊富な写真とともに伝える一冊。【2004年カナダ首相出版賞受賞作品】
ハードカバー上製本　A5版448ページ　定価2000円+税

12　いのちは創れない

池田和子　守分紀子　蟹江志保／(財)地球・人間環境フォーラム編　環境省自然環境局協力
かつてはどこにでもいた生きものたちや、むかしながらの景観が失われつつある―。「生物多様性」ってなんだろう？　その問いにこたえるべく、環境省の若きレンジャーたちが、日本の生きもの、そして日本の自然保護行政の歩みについて、わかりやすくかつ科学的にリポートする。
ハードカバー上製本　A5版288ページ　定価2095円+税

13　森の名人ものがたり

森の"聞き書き甲子園"実行委員会事務局編／協力　林野庁、文部科学省、(社)国土緑化推進機構、NPO法人樹木・環境ネットワーク
日本の山を守りのこしてきた名人たちの姿を、高校生たちが一所懸命に書きのこしました。
ハードカバー上製本　A5版336ページ　定価2200円+税

14　環境歴史学入門――あん・まくどなるどの大学院講義録

礒貝日月編
日本における先駆的学問の入門書、登場!!　カナダ出身の才媛、あん・まくどなるどが大学院でおこなった講義録。人類誕生から現代まで、地球環境の変遷を紐とく。
ハードカバー上製本　A5版400ページ　定価2095円+税

15　ホタル、こい！

阿部宣男／二葉幾久　編
困難とされるホタルの累代飼育に挑む、板橋区ホタル飼育施設の職員・阿部宣男氏。博士号取得論文としてまとめられたホタル研究の成果を、研究にまつわるさまざまなエピソードとともにお届けする。
ハードカバー上製本　A5版160ページ　定価1800円+税